セマンティック技術シリーズ
Semantic Technologies Series

オントロジ技術入門
An Introduction to Ontology Technology

ウェブオントロジとOWL

AIDOS 編著
将来型文書統合システム標準化調査研究委員会

TDU 電機大出版局

本書の全部または一部を無断で複写複製（コピー）することは，著作権法上での例外を除き，禁じられています．小局は，著者から複写に係る権利の管理につき委託を受けていますので，本書からの複写を希望される場合は，必ず小局（03-5280-3422）宛ご連絡ください．

はじめに

本書の位置付け

　情報技術分野でオントロジ技術の話題が増えている．セマンティックウェブのためのキー技術としてオントロジが注目され，ウェブ技術の標準化を推進してきた W3C（World Wide Web Consortium）は，ウェブオントロジ言語（OWL）を W3C 勧告として 2004 年 2 月に公表した．それに基づくオントロジ記述や処理系も報告され，2004 年には国内でもセマンティックウェブ関連の書籍が出版された．オントロジ技術の応用検討も広がりを見せている．

　このような新技術の立ち上がりに興味をもつ読者に対して，本書は OWL を中心に解説する．オントロジ技術と関連の深いエージェント技術からオントロジを概観し，ウェブという分散環境でのオントロジ記述のための OWL に関する解説を行う．解説をさらに具体化するために OWL 記述例を示す．その後の章において，オントロジ技術の応用に言及する．

　この OWL 解説の目標は，OWL によるオントロジ記述が読めるようになることとし，RDF についての予備的な説明は行わない．つまり RDF や RDF-S の要素は，たまたま別の名前空間ですでに定義されていたものを利用するという立場をとる．W3C の OWL の勧告の中では，ワインに関する説明例題が使われているが，それは国内の読者にとって必ずしも理解しやすい例題ではないため，本書では独自の例題を用意した．

　OWL 解説の対象である W3C 勧告の内容は，W3C 勧告の体裁を保存した翻訳として，添付の CD-ROM に収録した．翻訳に用いた訳語については，混乱を避けるため，(財) 日本規格協会（JSA）からの出版が予定（2005 年秋頃）されている OWL の標準仕様書（TS）の訳語との整合を，原則として図っている．例えば，"universal quantification" = 「全称量化」，"orphan blank nodes" = 「孤立空ノード」，"formal semantics" = 「形式意味論」，"entailment" = 「論理的帰結」などである．参考のため，主な訳語の一覧も添付の CD-ROM に含めている．

本書執筆の背景

　ウェブ上での文書情報交換が急速に普及しているが，将来はさらに動画，静止画，音楽，音声などの多次元多言語対話形文書のやりとりの実現が期待される．そこで，誰もが効率的にこれらの情報を生成，流通，管理，再利用できる環境を整備することが望まれ，関連技術の標準化の検討に着手する必要がある．

　このような要求に対応するという経済産業省の意向を受けて，（財）日本規格協会は情報技術標準化研究センター（INSTAC）に将来型文書統合システム標準化調査研究委員会（AIDOS）を設置して，次の項目について調査研究を行い，産業，公共分野などにおける情報化や個人の情報リテラシーの向上を図ることにした．

(1) 既存の電子文書関連規格の体系整理
(2) 多次元多言語対話形文書統合システムのモデル化，それらの標準化課題の抽出および規格の作成
(3) 関連ビジネスモデルおよびメタモデル

AIDOS の活動は 2001 年度から開始され，複数の作業グループが次のような課題について調査研究を行うとともに，（財）日本規格協会が発行する標準情報（TR），標準仕様書（TS）などのいくつもの原案の作成を行ってきた．

(1) ウェブ文書の API
(2) ウェブ上に分散するトピック間の関連付け
(3) 文書統合検索プロトコル
(4) メタデータ，メタモデル関連技術
(5) オントロジ
(6) 文書共有

　オントロジ関連技術については，2001～2002 年度にはセマンティックウェブの動向調査の中で当時の OWL と DAML-S の現状をまとめ，DAML+OIL の規定内容を概観した．2003 年度の活動では，W3C における OWL の標準化をウォッチし，さらに着目され始めたオントロジ応用技術の動向を調査した．2003 年度の末になって，W3C が OWL の規定内容を勧告として公表するに至り，AIDOS の作業グループはその勧告の翻訳に着手し，2004 年度の活動として，W3C との調整のもとで次の 4 件の TS の原案を作成した．

(1) OWL ウェブオントロジ言語 − 概要
　　（OWL Web Ontology Language — Overview）
(2) OWL ウェブオントロジ言語 − 手引
　　（OWL Web Ontology Language — Guide）
(3) OWL ウェブオントロジ言語 − 機能一覧
　　（OWL Web Ontology Language — Reference）
(4) OWL ウェブオントロジ言語 − 意味論及び抽象構文
　　（OWL Web Ontology Language — Semantics and Abstract Syntax）

　これらの TS は，OWL の原勧告の規定内容の翻訳を経済産業省が推奨する標準仕様書様式に則って表記し，日本工業標準調査会の承認のもとに公表するものであって，決して OWL の使い方を解説するものではない．OWL の原勧告そのものも，抽象的な規定の域にとどまっていて，読者の理解を容易にするための配慮は必ずしも十分ではない．そこで，AIDOS において OWL の TS 原案作成に関与したメンバによる OWL 利用の手引の作成が望まれていた．本書の執筆はこの要求に応えるものとして企画された．

執筆者

　AIDOS において OWL の W3C 勧告の翻訳を行い，TS 原案の作成とレビューに参加した AIDOS/WG1 のメンバを次に示す．

将来型文書統合システム標準化調査研究委員会（AIDOS）/WG1
　　　　主査　小町 祐史　　パナソニックコミュニケーションズ（株）
　　　　　　　飯島　正　　　慶應義塾大学
　　　　　　　内山 光一　　東芝ソリューション（株）
　　　　　　　大野 邦夫　　（株）ジャストシステム
　　　　　　　須栗 裕樹　　（株）コミュニケーションテクノロジーズ
　　　　　　　内藤　求　　　（株）シナジー・インキュベート
　　　　　　　平山　亮　　　金沢工業大学
　　　　　　　宮澤　彰　　　国立情報学研究所
　　　　　　　山田　篤　　　（財）京都高度技術研究所
　　　　　　　堀坂 和秀　　経済産業省 産業技術環境局
　　　　　　　内藤 昌幸　　（財）日本規格協会 INSTAC

なお，以下にあげるメンバは，委員会での作業にとどまらず，本書の執筆・編集・校正の作業に参加いただいた．執筆担当を記すとともに，ここに特記して謝意を表する．

執筆担当
- 小町 祐史　　はじめに，第 5 章
- 大野 邦夫　　第 1 章，付章
- 須栗 裕樹　　第 2 章
- 山田　篤　　　第 3 章，第 4 章

2005 年 8 月

小町祐史

目次

第1章　セマンティックウェブとオントロジ技術　1

- 1.1　オントロジ技術のセマンティックウェブへの適用 1
- 1.2　ウェブオントロジ言語：OWL 2
- 1.3　概念処理を指向するオントロジ技術 4
- 参考文献 5

第2章　エージェント技術におけるオントロジ　6

- 2.1　エージェントとは何か 6
- 2.2　なぜエージェントにオントロジが必要か 11
- 2.3　FIPA以前のオントロジ技術 13
  - 2.3.1　Cyc と OpenCyc 13
  - 2.3.2　KQML と KIF 16
  - 2.3.3　Ontolingua と OKBC 18
- 2.4　FIPAエージェントにおけるオントロジ 25
- 2.5　エージェントとセマンティックウェブ 29
- 参考文献 30

第3章　OWL ウェブオントロジ言語　32

- 3.1　OWLとは 32
  - 3.1.1　OWLの特徴 33
  - 3.1.2　OWLに関連する勧告 34
  - 3.1.3　OWLの3種類の下位言語 34
- 3.2　OWL文書の構造 35
- 3.3　OWLの基本構成要素 37
- 3.4　クラス 37

- 3.5 クラス記述とクラス公理 37
  - 3.5.1 クラス名によるクラス記述 38
  - 3.5.2 インスタンスの列挙によるクラス記述 38
  - 3.5.3 特性値に関する制約によるクラス記述 39
  - 3.5.4 特性のメンバ数に関する制約 41
  - 3.5.5 クラスの集合演算によるクラス記述 42
  - 3.5.6 クラス公理 44
- 3.6 特性 48
  - 3.6.1 RDF スキーマ構成要素を用いた特性公理 48
  - 3.6.2 他の特性との関係による特性公理 50
  - 3.6.3 特性に関する大域的なメンバ数制約を用いた特性公理 51
  - 3.6.4 特性の論理的特徴を用いた特性公理 52
- 3.7 個体 53
  - 3.7.1 クラスへの帰属関係と特性値に関する事実 53
  - 3.7.2 個体の自己同一性に関する事実 54
- 3.8 オントロジヘッダ 55
  - 3.8.1 オントロジの取込み情報 55
  - 3.8.2 オントロジの版管理情報 56
  - 3.8.3 注記 57

第 4 章　OWL ウェブオントロジ言語の記述例　58

- 4.1 オントロジエディタ 58
- 4.2 Protégé による OWL 文書の作成 59
- 4.3 クラスの作成 61
- 4.4 クラス階層の表示 67
- 4.5 特性の作成 70
- 4.6 クラス公理の作成 71
- 4.7 推論機構の利用 76
- 4.8 クラス階層の変更 82
- 4.9 開世界仮説の影響 83
- 参考 URL 88

第 5 章　オントロジ技術の応用　　90

- 5.1 情報家電への応用（IEC/TC100 での活動） 90
  - 5.1.1 PACT Report 91
  - 5.1.2 Response to the PACT Report 91
  - 5.1.3 TC100 における課題対応 94
- 5.2 博物館情報横断検索への応用 96
  - 5.2.1 博物館情報横断検索のための階層化フレームワーク 96
  - 5.2.2 情報記述内容としての分類 98
  - 5.2.3 分類マッピングからオントロジ記述へ 99
  - 5.2.4 OWL による分類マッピングの実現と横断検索 100
- 5.3 書籍検索への応用 106
  - 5.3.1 和漢古典学のオントロジ 106
- 参考文献 108

付章 A　オントロジ技術の背景と課題　　110

- A.1 オントロジ技術の現状 110
- A.2 OWL の現状 112
- A.3 存在論の歴史 113
- A.4 情報メディアとデータ型 115
  - A.4.1 人間の情報処理 115
  - A.4.2 人類における知識の歴史：概念化 117
  - A.4.3 コンピュータが扱ってきた情報メディア 119
- A.5 データ型とオントロジ 122
  - A.5.1 オントロジ技術への要求 122
  - A.5.2 論理による関係 122
  - A.5.3 数理による関係 123
  - A.5.4 自然言語による関係 124
- A.6 クラス階層による関係 125
  - A.6.1 タクソノミとクラス定義 125
  - A.6.2 OOP によるクラス定義の例 125
  - A.6.3 分類におけるコンテキスト依存 126
  - A.6.4 システムの運営維持管理の問題 126
  - A.6.5 文書の分類 127

A.7 確率・統計とシミュレーションを用いるモデルの可能性 128
A.8 セマンティックウェブの可能性と課題 128
A.9 現状のオントロジ 129
A.10 複合ドキュメント 130
A.11 おわりに 132
参考文献 132

CD-ROM について　135

参考 URL　137

索引　139

第 1 章

セマンティックウェブとオントロジ技術

この章では，導入としてセマンティックウェブとオントロジ技術について簡単に解説する．

1.1　オントロジ技術のセマンティックウェブへの適用

「オントロジ」とは存在論を意味する．古代ギリシア語で「オント」とは，存在を意味する動詞「エイミ」の能動態現在分詞中性形（英語の being に相当する）の語幹であり，それに「論」を意味する「ロジ」が結合したものである．存在論というと「存在とは何か，存在しているとはどういうことか」を問う学問分野で，哲学的な問いである．思想の科学研究会が編集した『哲学・論理用語辞典』[1] を調べてみると，存在論は下記のように説明されている．

> 存在論 [ontology] —— 哲学の一分野．哲学では「存在するモノ」つまり「モノ」を「存在」という．人間，机，本などが存在．ところで，「これらの個々のモノの特殊な性質ではなく，それらに共通な，モノとしての性質を研究する」のが，存在論．言い換えると「存在としての存在，つまり存在一般について研究する学問」のこと．形而上学に同じ．

要するに，個物の存在だけではなく，存在自体の意味を問う哲学分野であり，形而上学に近いものである．

最近情報技術分野で議論の対象になるオントロジは，哲学の課題であった存在論をマクロな観点では継承するであろうが，特有の意味をもつ．それは，セマンティックウェブにおけるオントロジ層が定義されたからである．セマンティックウェブ自体は，2000 年に W3C ディレクターであるティム・バーナーズ・リーが，ウェブで意味的な処理を実現させるために考えたアーキテクチャで，図 1-1 のように想定されている．セマンティックウェブは 7 階層のレイヤーから構成されている．最下位の第 1 層

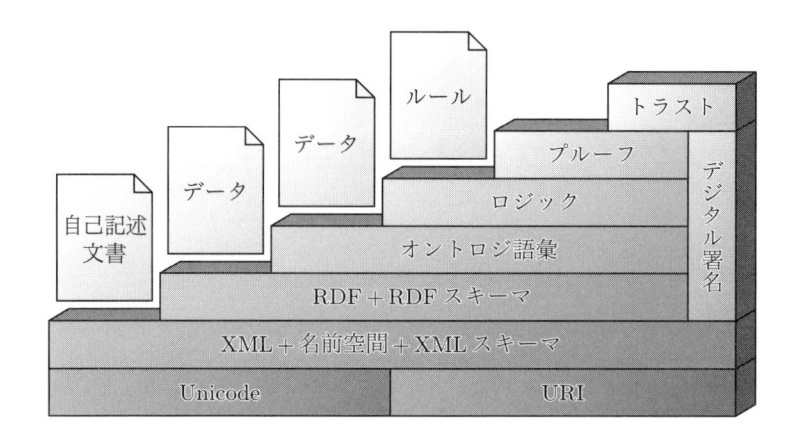

図 1-1 セマンティックウェブのアーキテクチャ階層

は，UnicodeとURIで構成される最も基本的な層である．第2層がXML，名前空間，XMLスキーマ[1]で構成されるXML層である．第3層は，RDF（Resource Description Framework）[2]とRDFスキーマ[3]で構成されるメタデータ層で，自己記述された第2層のXMLによる文書を対象とする．第4層はオントロジ層で，種々のカテゴリにおける用語群が定義されている．この層は第3層におけるメタデータ群（RDF）とその枠組み（RDFスキーマ）を対象に用意されている．第5層はロジック層で，第4層の用語間の関係やカテゴリのモデルを規定するためのルールが定義されている統合論理基盤である．第6層はプルーフ層で，第5層のロジックの正当性を管理する層である．第7層はトラスト層で利用者の意図や信念に関係する．第3層から第6層に関しては，関連する文書やデータが付随するため，それらの信頼性を保証する必要がある．そのためにこれらの層ではデジタル署名機能が要求される．

1.2　ウェブオントロジ言語：OWL

　　オントロジ層を記述する言語であるOWL（Web Ontology Language）は，XMLを用いてクラス定義を行う．クラス定義はオブジェクト指向プログラミング言語で用いられる手法であるが，それと類似の部分と異なる部分がある．両者に共通した部分

---

[1]. http://www.w3.org/XML/Schema を参照．

[2]. http://www.w3.org/RDF/を参照．

[3]. RDF Vacabulary Description Language 1.0: RDF Schema（http://www.w3.org/TR/rdf-schema/）を参照．

は，クラス名を与えて概念を提示することである．概念とは一般に集合であり，その定義には外延（extension）によるものと内包（intension）によるものがある．外延とは枚挙による集合の定義方法で，枚挙されたインスタンスがもつ共通の性質を属性とする集合を定義する．それに対し内包は属性を定義することにより集合を定義する方法である．

われわれが日常使用する言葉のうち，一般名詞に相当するものはたいていの場合概念であり集合として定義される．しかしそのクラス名は人間の知識を反映した概念であり，コンピュータ上では特定のメモリ領域にその名称の ID が付与されるにすぎない．他方，オブジェクト指向プログラミングにおけるクラス定義は，インスタンス生成のためのテンプレートを提供する．それに対し，OWL の場合は ID を付与するだけである．例えば，OWL で生物のクラスを定義する場合には，下記のようになる．

```
<owl:Class rdf:ID="生物"/>
```

クラス定義には，一般に上位／下位クラスの関係があり，下位クラスが subClassOf というキーワードを用いることにより定義される．

```
<owl:Class rdf:ID="動物">
  <rdfs:subClassOf rdf:resource="#生物"/>
</owl:Class>
```

subClassOf 要素は，動物が#生物で識別されるオブジェクトのサブクラスであることを宣言する（#はリソース定義されている参照可能な対象を意味する）．植物である生物も存在するが，植物は動物と相容れない（disjoint）存在である．同時に植物であり動物であるものはこのオントロジでは存在しない．

```
<owl:Class rdf:ID="植物">
  <rdfs:subClassOf rdf:resource="#生物"/>
  <owl:disjointWith rdf:resource="#動物"/>
</owl:Class>
```

以上のようにして，生物の動植物の概念に対応する OWL のクラスが定義される．この場合は，クラス定義において，集合演算（部分集合定義）と論理演算を組み合わせることにより，簡単な分類が可能であることを示している．OWL は，以上のように一般用語を集合演算や論理演算でクラスとして定義する．このようにして関係付けられる用語群，すなわちクラス群がオントロジを形成すると言える．

それでは，オブジェクト指向プログラミング言語で定義されるクラス群も相互に関係付けられればオントロジを形成すると言えるかという疑問が生じるであろう．この

場合は，クラス定義がアプリケーション分野を反映するような用語であれば，OWLの場合と類似なのでオントロジと言えるであろう．しかし，ハードウェアやネットワークへの実装の都合で定義されたようなクラス定義は，一般の利用者から見てオントロジとは言い難いであろう．要するにオントロジは，人間の直感や常識でわかる概念を支援することが要請される．極めて局所的な概念や，一時的にしか成り立たないような概念はオントロジとは呼べないであろう．

1.3　概念処理を指向するオントロジ技術

　一般的なオントロジの語源は 1.1 節で述べたが，コンピュータ処理の領域における定義は必ずしも明確ではない．Gruber によると，オントロジは "explicit specification of a conceptualization"，すなわち「概念化のための明示的仕様」として位置付けられ，哲学分野との関係において「本質または実在に関する理論」と位置付けられている．オントロジに関する幅広い見解において，上記の Gruber の定義は，最大公約数的な考えではないかと思われる．本書においても，オントロジを以上のような，普遍性を有する概念を関係付ける枠組みと考えることにしたい．

　最近になってオントロジがコンピュータ処理の領域に持ち込まれた背景には，先のセマンティックウェブを通じた議論を踏まえて，概念をコンピュータ上で明示的に扱いたいというニーズが広範な関係者において存在するからであろうと推察される．ところで，概念というものは厳密，正確に定義されるものではない．数多くの多様な人間の思考の産物であり，歴史的，地域的，民族的，文化的，さらには個人的な差異をも包含する．そこで，概念というものについて考えてみよう．

　現在，われわれが把握している概念は，言語における語彙に対応する．これらの語彙は，具体的なものから抽象的なものまで幅広く存在する．これらの語彙において，固有名に相当するものは，概念とは言えないであろう．固有名は極めて限られた人たちによって共有される語彙だからである．とは言え，個人名や地名のような固有名でも，幅広く知られて特別な意味で使われるようになると，一般名になることもある．例えば，霞ヶ関は地名であり固有名であるが，この言葉が日本の中央官庁を指すことは衆知のとおりである．

　以上のような例外はあるにせよ，概念は一般名であり，その名前で起想されるカテゴリを示す．したがって，この観点から見ると概念は集合であり，個人のさまざまな具体的経験を分類する枠組みであると言える．すなわち，個人が形成する概念は，生まれて以来のさまざまな経験を，系統的に分類しようとするカテゴリ化の中で生まれ，そのカテゴリに付与される名称である．かつ，その名称は相互に関係付けられて

いる．概念は語彙によって説明されるのが普通だからである．

　以上のような概念の考え方は，先に述べた，クラスを定義してそれらを関係付けるOWLの機能に近いことがわかるであろう．だが，そこには大きな違いが存在する．人間の概念が個人のさまざまな具体的な経験のカテゴリ化の産物であるのに対し，OWLはそのようなカテゴリ化のメカニズムをもたない．これはOWLの欠点ではなく，人間の知的活動とコンピュータによる処理との差異に起因する．

　以上のように，本書ではオントロジを概念の枠組みとして捉え，そのための言語として位置付けられるウェブオントロジ記述言語であるOWLを中心に解説する．あわせてOWL以前にオントロジを活用してきたエージェント技術についても，OWLの導入として簡単に紹介する．

参考文献

[1] 思想の科学研究会編『増補改訂哲学・論理用語辞典』三一書房, 1975.

第 2 章

エージェント技術におけるオントロジ

本章では，エージェント技術とオントロジの関連について解説を行う．はじめに，エージェントについて説明し（2.1 節），なぜエージェントにオントロジが必要なのかを議論する（2.2 節）．次に，FIPA（Foundation for Intelligent Physical Agents）以前のエージェント技術におけるオントロジの活用事例をいくつか示す（2.3 節）．そして，これらを集大成した FIPA エージェントにおけるオントロジ技術の解説を行う（2.4 節）．最後に，エージェントとセマンティックウェブの今後について，展望を述べる（2.5 節）．

2.1　エージェントとは何か

エージェントとは，分散ネットワーク環境において個別のタスクを実行するソフトウェアモジュールである．この意味で，エージェントは，オブジェクト指向のオブジェクトに近いが，オブジェクトにない次のような特徴をもつ [1, p.22]．

- エージェント間の協調性
- 自律性／能動性
- 外部要因（環境）の変化に対する柔軟性／頑健性

エージェントは，自己のもつ知識と，外部から入力された情報に基づき，自己の行動計画を策定し，行為する．行為（action または performance）には，そのエージェントが単独で処理を行う場合と，他のエージェントにメッセージを送付する場合の二つがある．後者の場合のメッセージを，通信行為（communicative act または performative）と呼ぶ[1]．

---

[1]. 通信行為は，哲学，言語学の発話行為理論に基づいているが，本書では説明を省く．

すなわち，エージェントとは，オブジェクトに対して拡張を施し，従来のオブジェクトでは困難であった，より高度な処理をより簡単に行えるようにしたソフトウェアである．したがって，エージェント技術は，構造化プログラミングからオブジェクト指向に至るソフトウェアの抽象化の進展を，さらに発展させた概念であると言うことができる．具体的には，次のような応用例が，エージェントの典型的なアプリケーションとして期待されている．

- 高度な人間との対話処理
- 学習と推論による知的処理
- 目的に基づき計画を作成し実行する自動処理
- ネットワークを移動する動的な処理
- 複数のエージェントを組織化する分散処理
- 従来互換性のなかった異種アプリケーションを結合する統合処理

また，ソフトウェア工学の手法として，オブジェクト指向エンジニアリングをエージェントによって拡張した，エージェント指向エンジニアリングも提唱されている．

オブジェクトにしてもエージェントにしても，そのモデルを活かすために最も大切なことは，実装のレベルでの相互運用性を保証することである．すなわち，別個に作成されたオブジェクトやエージェントが分散環境において相互に接続され，アプリケーションとして辻褄の合う振舞いができなければならない．さもなくば，オブジェクトやエージェントを用いてマルチベンダのシステムを構成することができなくなってしまう．これでは分散システムの理念を実現することができない．

具体的には，オブジェクトのレベルにおいては，整数，浮動小数点，文字，構造体などのデータ型の表現，バイトオーダ，リモートプロシージャコールの際のパラメータの受け渡し，名前のディレクトリへの登録とその検索方法，例外処理などが，標準的に規定されていなければならない．これらは，オペレーティングシステム，プログラミング言語，コンパイラ，プロセッサのアーキテクチャやネットワークインタフェースなどが異なっていても，互換性がなければならない．また，エージェントにおいては，オブジェクトとしての要件を満たした上で，後述する通信言語，コンテント言語，相互作用プロトコルなどが標準化されなければならない．

オブジェクトにおいて，このような要件の標準化を行っている団体が OMG (Object Management Group) であり，CORBA (Common Object Request Broker Architecture) をはじめとして，さまざまな標準仕様書を作成している．エージェントにおいては，FIPA が，エージェント管理，通信言語，オントロジサービスなどの標準仕様書を作成している．これらの標準に則ることによって，分散オブジェクトやエージェントの

相互運用が可能となる．

　エージェントとオブジェクトの比較に話を戻すと，実際，エージェントとは，オブジェクトの自然な拡張である．例えば，OMG による CORBA のリファレンスモデルと，FIPA によるエージェントプラットフォームのリファレンスモデルを比較すると，その類似は明らかである（図 2-1 を参照）．

　プログラムとして外部から見たときに，オブジェクトとエージェントで最も異なる点が，インタフェースのもち方である．すなわち，オブジェクトにおいては，その提供する機能ごとにメソッドをもち，外部からのメッセージをそのシグネチャに従って処理するのが一般的である．これに対して，エージェントの場合は，インタフェースという意味では，単なるバイトストリーム以上のものは必要ない．具体例として，FIPA 97 規定におけるエージェントのインタフェースを CORBA IDL（Interface Definition Language）で記述したものを次に示す[2]．

```
interface FIPA_Agent_97 {
  oneway void message (in string acl_message);
};
```

なぜこれで，エージェントが，多くのメソッドをもつオブジェクトと同等以上の機

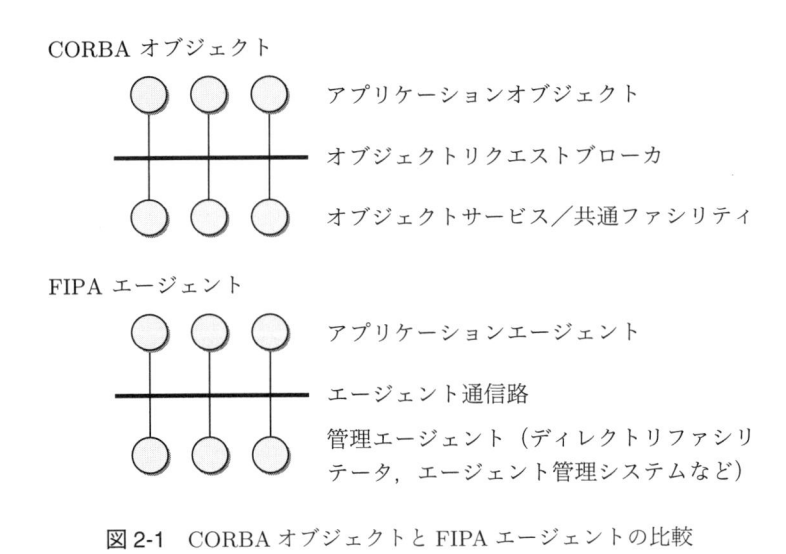

CORBA オブジェクト

○○○　　アプリケーションオブジェクト
─────　オブジェクトリクエストブローカ
○○○　　オブジェクトサービス／共通ファシリティ

FIPA エージェント

○○○　　アプリケーションエージェント
─────　エージェント通信路
○○○　　管理エージェント（ディレクトリファシリテータ，エージェント管理システムなど）

図 2-1　CORBA オブジェクトと FIPA エージェントの比較

---

[2] 最新の FIPA 規定では，これはもう少し複雑になっているのだが，例として強調するためにあえて古い版の規定を示す．

能を実現できるのだろうか．その鍵が，エージェント通信言語（Agent Communication Language：ACL）である．ACL とは，エージェント間の通信に用いられる言語であり，上記の IDL では acl_message の部分に入るストリングが，ACL で記述されたメッセージを表現する．ACL は言語であるから，意味論と構文論が定義されている．これらの規則に則って記述されたメッセージであれば，同じ ACL を理解するエージェントどうしで相互に会話が可能となる．ACL では，メッセージの送信者と受信者，表現される通信行為，その行為の対象，その他のパラメータなどを伝達することができる．このようなリッチな（あるいは，セマンティックフルな）メッセージを表現することができるために，単純なバイトストリーム一本のインタフェースで，複雑なインタフェースをもつオブジェクト以上の機能を実現することが可能となるのである．

代表的な ACL として，Agent-0，KQML（Knowledge Query and Manipulation Language），FIPA ACL などが提案されているが，相互に互換性はない．ここでは FIPA ACL を例として，ACL の概要を説明する．

次の例では，エージェント i とエージェント j の間で，質問とそれに対する回答の会話がなされている．

```
(query-ref
  :sender (agent-identifier :name i)
  :receiver (set (agent-identifier :name j))
  :content "(iota x (PrimeMinisterOfJapan x))"
  :language fipa-sl
  :protocol fipa-query
  :reply-with 2005010100000001
  :ontology politics )

(agree
  :sender (agent-identifier :name j)
  :receiver (set (agent-identifier :name i))
  :content "(
    query-ref
     :sender (agent-identifier :name i)
     :receiver (set (agent-identifier :name j))
     :content "(iota x (PrimeMinisterOfJapan x))"
     :language fipa-sl
     :protocol fipa-query
     :reply-with 2005010100000001
     :ontology politics )"
  :language fipa-sl
  :protocol fipa-query
  :in-reply-to 2005010100000001
  :ontology politics )
```

```
(inform
 :sender (agent-identifier :name j)
 :receiver (set (agent-identifier :name i))
 :content "(= (iota x (PrimeMinisterOfJapan x)) Koizumi)"
 :language fipa-sl
 :protocol fipa-query
 :in-reply-to 2005010100000001
 :ontology politics )
```

メッセージの構文は，標準的な S 式である．すなわち，開き括弧 "(" で始まり，閉じ括弧 ")" で終わる．括弧の対の中に，別の括弧の対が再帰的に含まれてもよい．構文のバリエーションとしては，XML 表現やバイナリ表現もある．

まず，最初のメッセージの 1 行目の query-ref は，直感的には，オブジェクトの個体参照に関する質問を意味する．すなわち，「この条件を満たすオブジェクトは何か」という問いである．メッセージの最初に来るこのようなキーワードが，ACL の通信行為の型を示す．

2 行目以降はコロンで始まるキーワードとその値からなり，このような対をメッセージパラメータと呼ぶ．:sender はメッセージの送信者，:receiver はメッセージの受信者，:content は通信行為の内容（ここでは直感的に「日本の総理大臣であるところのオブジェクト x」），:language は :content の内容が記述されている SL（Semantic Language）という言語（これをコンテント言語と呼ぶ）の指定，:protocol は会話の相互作用プロトコル，:reply-with は :in-reply-to とともに，会話の流れを同定するために用いられる識別子である．:ontology については後で説明する．このメッセージによって，エージェント i からエージェント j に対して，「日本の総理大臣は誰か」という質問を行う通信行為が表現されている．

二つめの，agree で始まるメッセージは，エージェント j からエージェント i に対して，「そのような質問を受け取ったことを了解した」という確認の表現の通信行為である．このように，query-ref に対して agree を返し，その次に，3 番目のメッセージにあるように inform を返すという一連の会話の流れを定めているのが，:protocol パラメータにある fipa-query という相互作用プロトコルである．

三つめの inform メッセージは，直感的には「日本の総理大臣であるところのオブジェクト x と等しい Koizumi というオブジェクトが存在する」，つまり「日本の総理大臣は Koizumi である」という命題を，エージェント j からエージェント i に通知している．

さて，これまでに何度か「直感的」というただし書きを用いてきたが，これは，通信行為の意味論が形式的，すなわち論理学的基礎の上に厳密に定められているから

である．これについても詳細は省くが，例えば inform 通信行為を発行するためには，そのエージェントは対象となる命題を真であると確信し，かつ，メッセージの受け取り手のエージェントがその命題について知識をもっていないと確信していなければならない．また，inform の送り手のエージェントは，そうすることによって，受け取り手のエージェントにその命題を確信させることを，自己の実行可能な行動計画の一部としてもっていなければならない．形式的とは，ここに述べたような定義が，論理学的に記述されているということである．

FIPA ACL では，そのように意味論を定義された通信行為の型が 22 個定義されている．また，構文論としてはメッセージの外部表現が 3 個，相互作用プロトコルが 11 個規定されている．コンテント言語は 3 個が定義されている．これらは任意に拡張可能であるが，その場合の相互運用性の確保は利用者の責任となっている．

2.2　なぜエージェントにオントロジが必要か

以上の例で説明しなかったパラメータが :ontology である．これはその名のとおりオントロジを指定するものであるが，なぜこれが必要なのであろうか．:ontology を無視して，もう一度上記のメッセージを見てみると，PrimeMinisterOfJapan なる述語は，人間が読めば，なんとなく日本の総理大臣を指すのであろうと見当は付く．しかし，エージェントにそのような知識を何の前提もなく期待することはできない．また，Koizumi というリテラルからは，2005 年 7 月現在，日本の総理大臣である小泉純一郎氏が想起されるが，この両者が一致することを保証するものはない．:ontology politics というパラメータを用いて，これらの語の意味と関連が与えられることによって，はじめてエージェントによる処理が可能となる．すなわち，エージェントは，外部にある politics というオントロジを参照して，PrimeMinisterOfJapan という述語や，Koizumi という個体の意味を知ることになるのである[3]．

つまり，オントロジとは，エージェント通信の文脈で言えば，コンテント表現に出現するリテラル（述語，関数，行為，個体）の定義とそれらの間の関係の記述を与えることによって，アプリケーションが対象とする問題領域の概念体系を与えるものである．このオントロジを記述するために，そのための言語が必要となる．本書で扱うOWL は，現在最も有力なオントロジ記述言語である．

エージェント通信における通信行為，コンテント，オントロジの階層構造を図 2-2

---

[3] 説明を簡単にするために，politics という簡便な表現を用いたが，実際には，何らかの URI を使用して，一意にそのオントロジを識別できることが望ましい．

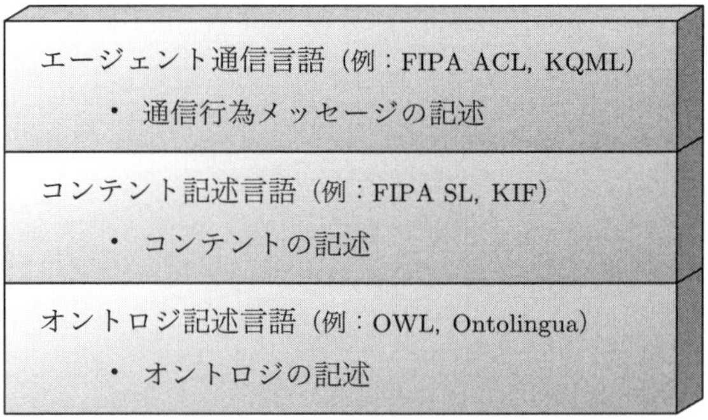

```
┌─────────────────────────────────────────────┐
│ エージェント通信言語（例：FIPA ACL, KQML） │
│  ・通信行為メッセージの記述                 │
├─────────────────────────────────────────────┤
│ コンテント記述言語（例：FIPA SL, KIF）     │
│  ・コンテントの記述                         │
├─────────────────────────────────────────────┤
│ オントロジ記述言語（例：OWL, Ontolingua）  │
│  ・オントロジの記述                         │
└─────────────────────────────────────────────┘
```

図 2-2　エージェント通信の階層

に示す．FIPA ACL においては，コンテント記述言語の指定と，コンテント自体の記述は，通信行為メッセージの記述の中に含まれるが，オントロジの記述はメッセージの外部への参照として与えられることに注意してほしい．また，オントロジ記述言語の指定は明示的に与えられない．

　さて，再度，オブジェクトとエージェントの比較で考えると，オブジェクトの場合にオントロジが問題とされることは少ない．なぜならば，オブジェクト間の通信においては，IDL などのインタフェース定義を共有することによって，リモートプロシージャコールの呼出しと戻りが保証されるからである．これによって，ハードウェアの実装（プロセッサのバイトオーダ，浮動小数点の表現形式），プログラミング言語コンパイラの型表現やスタックの扱い，ネットワークのトランスポートにおけるエンコーディングなどとは独立に，整数，文字，浮動小数点といった基礎的な型の相互運用性が確保され，それらに基づく複雑なクラス定義も互いに了解されることになる．

　一方，エージェント間通信においては，通信の対象の抽象度が，オブジェクトの場合より一段階高くなっている．オブジェクト指向の場合，アプリケーションレベルで取り扱うような概念が，エージェント間通信の内容として記述されるのである．そもそも，エージェントは，ヘテロジニアスな分散環境において用いられることが期待されていることが多い．ホモジニアスな分散環境であれば，あえてアプリケーションの問題領域の定義を，オントロジという形で外部的に明確化せずとも，アプリケーションロジックの内部で暗黙的にもつことによって処理を行うことができる．これが一般的なオブジェクト指向の分散アプリケーションの実装方法である．しかし，エージェントの場合は，異種分散環境で活躍するために，オントロジという知識を，外部的かつ明示的にもつことが必要なのである．

2.3 FIPA 以前のオントロジ技術

本節では，FIPA 以前のエージェント技術におけるオントロジ関連技術のうち，重要なものをいくつか示す．Cyc は大規模なオントロジの活用の先駆的なプロジェクトである．KQML と KIF（Knowledge Interchange Format）は，FIPA 以前の代表的なエージェント通信言語，コンテント言語として広く用いられた．Ontolingua と OKBC（Open Knowledge Base Connectivity）は，KQML と KIF の基盤の上に，オントロジを活用するためのミドルウェアとして開発された．そして，これらすべてが，次節で述べる FIPA のオントロジサービスに大きな影響を与えている．FIPA のオントロジサービスは，本節で述べる種々のオントロジ技術の集大成であるので，これを理解するためにも，それ以前の技術を知ることが肝要なのである．

2.3.1 Cyc と OpenCyc

Cyc（http://www.cyc.com/）は，標準的な人間の常識をオントロジ化してエージェントにもたせ，それを用いた推論と計画実行を行わせようというプロジェクトである [2]．人工知能あるいはエージェントに常識をもたせることは，フレーム問題[4]に対する有効な対策であると考えられる．

Cyc プロジェクトは 1984 年に開始され，これを商用化するために，1994 年に Cycorp 社が設立された．現在では，その一部分がオープンソース化された OpenCyc（http://www.opencyc.org/）というプロジェクトも行われている．図 2-3 に，Cyc の全体像を示す．

ここで，知識ベースは約 20 万個の概念と 250 万個の公理と規則を含む[5]．この知識ベースの一部が，ワールドファイルとして，Cyc 内部のバイナリフォーマットでセーブされている．バイナリにするのは処理の高速化を図るためである．推論エンジンは前向き推論と後向き推論の両方を行うとともに，ヒューリスティック，矛盾検出と解消をサポートする．ユーザインタフェースにはウェブブラウザを用いる．CycL 言語（知識記述）と SubL 言語（手続き記述）を直接扱うほかに，グラフィカルエディタや自然言語処理モジュールを使うこともできる．分散知識ベースの同期をとるために，トランスクリプトサーバまたはパーティション機構が用いられる．外部の知識

---

[4]. ゲームや箱庭とは違い，現実世界のように多くのオブジェクトが存在する問題領域では，考慮すべき要素が多すぎて（あるいは考慮すべき要素とそうでない要素の切り分けが困難で），時間内に適切な推論ができないこと．

[5]. OpenCyc はその一部のみをサポートする．本書執筆時点では，OpenCyc のバージョンは 0.9 であり，47,000 個の概念と 306,000 個の公理と規則が含まれている．

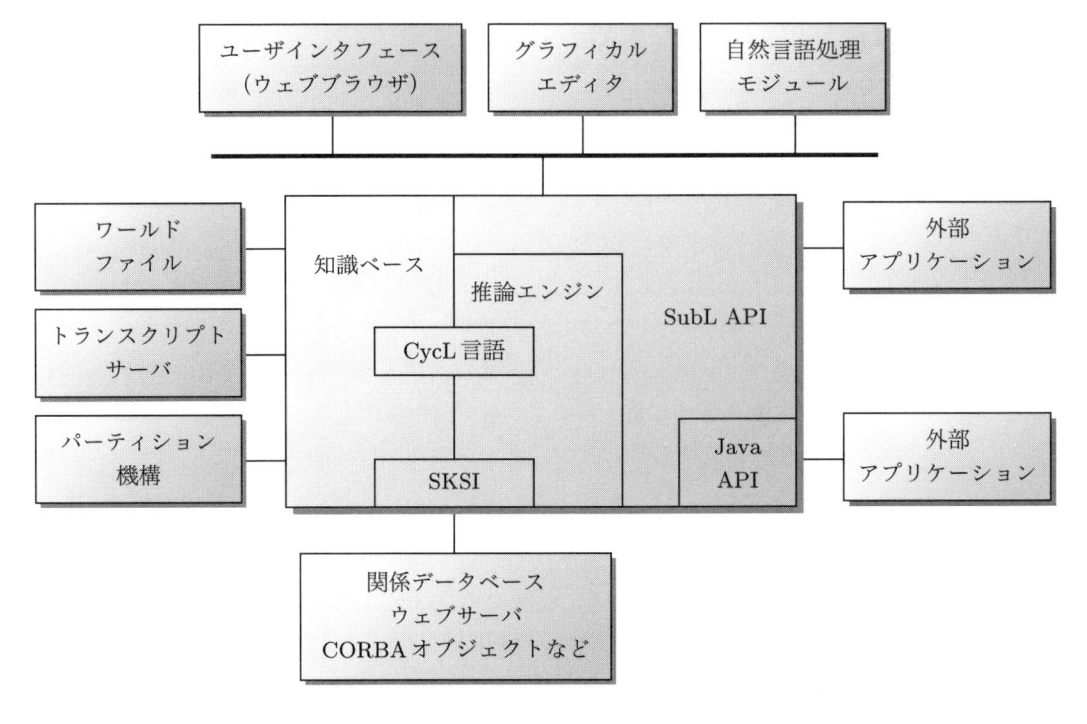

図 2-3 Cyc の全体像

ベースにアクセスするために，SKSI（Semantic Knowledge Source Integration：意味論的知識源統合）がある．これにより，関係データベースやウェブサーバ，CORBA オブジェクトなどに接続することができる．API としては SubL と Java の二つの言語をサポートする．SubL は Common Lisp のサブセットに近い．Java API は SubL API をもとに，その一部をラップしている．

Cyc では，オントロジを構成するために，概念をトピックごとにまとめて微小理論（microtheory）を作る．微小理論は，知識の文脈依存性を表現する手段である．文脈によって，ある知識が正しいこともあれば誤っていることもあるからである．各微小理論は，一階および二階の述語論理を用いて項を定め，その意味論を公理によって定義する．そのための記述言語が CycL である．

CycL の文の集合が知識ベースを構成する．構文は S 式である．定数，変数，述語，関数，論理演算，量化といった標準的な構成要素をもつ．微小理論においては，式は五つの真理値をもちうる．単調に真，デフォルト真，単調に偽，デフォルト偽，不明である．単調に真とは，全称量化された変数のいかなる可能な束縛においても，その文が真であることである．デフォルト真とは，現在の文脈における束縛ではたいてい

の場合真だが，偽となる場合もありうるという意味である．単調に偽とデフォルト偽も同様である．不明も含めて，可能世界を柔軟に表現することができる．

このように CycL は表現力が非常に強い言語であるので，決定可能性は保証されない．これは言語の設計の目標として，推論や知識交換よりも，モデリング用途を優先したためである．次に CycL の簡単な例を示す．

```
(#$implies
  (#$isa ?APPLE (#$FruitFn #$AppleTree))
  (#$colorOfObject ?APPLE #$RedColor) )
```

#$implies は含意を示す．#$isa はオブジェクトがクラスのインスタンスであることを示す．?APPLE は変数である．#$FruitFN は引数の型である植物の果物のクラスを返す関数である．#$AppleTree は林檎の木という植物のクラスである．#$colorOfObject は，オブジェクトの色を示す命題である．#$RedColor は赤色を示す．すなわち，この文は，「あるオブジェクト ?APPLE が，林檎の木の果物というクラスのインスタンスであるならば，そのオブジェクトの色は赤である」という命題を表現している．#$FruitFn という関数や，#$AppleTree というクラスは，Cyc オントロジで定義されている．#$implies や #$isa のような一般的な演算子のみならず，このように広範な Cyc オントロジを用いることができるのが CycL 言語の利点である．

Cyc では，分散人工知能を実現するために，エージェントを用いるという考えを打ち出している．すなわち，ネットワーク上にエージェントが分散し，それぞれが Cyc による常識を共有するとともに，専門的な知識を個別にもつ．そのような，常識を共有し，かつユニークな専門知識をもつマルチエージェントの協調動作によって，単独のプログラムでは扱えない問題を解決するというアプローチである．このために Cyc はエージェント間通信のための独自のプロトコルを提供するが，次項で説明する KQML を用いて Cyc エージェントが通信を行うというデモンストレーションも行われた [3].

一方，より新しい OpenCyc は，FIPA-OS (http://www.emorphia.com/research/about.htm) と CoABS (Control of Agent Based Systems, http://coabs.globalinfotek.com/) エージェントに接続するための Java API をもつ．FIPA-OS は次節で解説する FIPA 規定準拠のエージェントプラットフォームである．CoABS は DARPA (Defense Advanced Research Projects Agency) の CoABS プロジェクトによるエージェントプラットフォームである．

2.3.2　KQML と KIF

　KQML と KIF は，それぞれ，ARPA（Advanced Research Projects Agency）（当時．現 DARPR）の KSE（Knowledge Sharing Effort）プロジェクトによって開発されたエージェント通信言語と知識記述言語である．すなわち，KQML をエージェント間の通信に用い，その中で，KIF によって記述される知識をコンテントとして扱う．ただし，この組合せが固定されているわけではない．KQML のコンテント言語として Prolog など別の言語を用いることもできるし，KQML とは独立に KIF を用いることもできる．

　KQML は，Agent-0 や FIPA ACL と同様に，発話行為理論に基づくエージェント通信言語である．KQML によるエージェント間の会話の例を次に示す．

```
(ask-if
  :sender a
  :receiver b
  :reply-with 001
  :language kif
  :ontology politics
  :content (PrimeMinisterOfJapan Koizumi) )

(tell
  :sender b
  :receiver a
  :in-reply-to 001
  :language kif
  :ontology politics
  :content (PrimeMinisterOfJapan Koizumi) )
```

　この例の最初のメッセージでは，エージェント a がエージェント b に対して，命題（PrimeMinisterOfJapan Koizumi）が，b の知識ベースにおいて成立しているかどうかを尋ねている．2番目のメッセージで，エージェント b がエージェント a に対して，そのとおりであることを通知している．:sender, :receiver などのパラメータは 2.1 節で説明したものとほぼ同じである．同様に，述語 PrimeMinisterOfJapan とオブジェクト Koizumi は，オントロジ politics において定義されているものとする．

　KQML で定義されている通信行為の一部を表 2-1 に示す[6]．

　KIF は述語論理に基づく知識記述言語である．KQML と同様に，高階論理と非単調推論をサポートするバージョン 3.0，一階論理と単調推論のみをサポートする ANSI

---

[6] KQML にはいくつかの異なる版の仕様，異なる実装が存在する．ここでは，1997 年版の仕様 [4] を参照する．

表 2-1 KQML で定義されている通信行為の一部 [4]

通信行為	意 味
ask-if	送信者は受信者の知識ベースにおいて :content の評価が真であるかどうかを知りたい
tell	送信者の知識ベースにおいて :content の評価が真である
untell	送信者の知識ベースにおいて :content の評価が真でない
deny	送信者の知識ベースにおいて :content の評価が偽である
insert	送信者が受信者の知識ベースに :content の挿入を求める
uninsert	送信者が受信者の知識ベースに :content の削除を求める
achieve	送信者が受信者に :content が真になるような動作を求める
unachieve	送信者が受信者に以前の achieve の取り消しを求める
advertise	送信者は :content の動作を行えることを通知する
unadvertise	送信者は以前の advertise を取り消す
subscribe	送信者は事象の更新通知を求める
forward	送信者は :content のメッセージの回送を求める
broker-one	送信者は受信者に :content を処理できるエージェントを検索し，そのエージェントにメッセージを回送し，その返答を返すことを求める
recommend-one	送信者は受信者に :content を処理できるエージェントを知りたいことを通知する
error	文法違反など，理解できないメッセージを受信したことを通知する
sorry	送信者は有意義な情報を送信できないことを通知する

（American National Standards Institute）ドラフトバージョンなど，異なる版が存在するが，ここでは ANSI ドラフトバージョン [5] を参照する．

KIF の標準的な構文は前置記法による S 式であるが，中置記法も定義されている．意味論上の差異はない．例えば，会社の社員情報として，社員番号 1234 番の給与が 30 万円であるという命題は次のように示すことができる．

```
(salary 1234 300000)
```

論理演算と数値演算が可能である．次の例は，?x が実数かつ ?n が偶数ならば，?x の ?n 乗は 0 より大きい，すなわち，実数の偶数によるべき乗は正の数であるという命題を表現している．なお KIF では変数は CycL と同様に "?" で始まる．

```
(=> (and (real-number ?x) (even-number ?n))
    (> (expt ?x ?n) 0) )
```

Lisp 風のリスト処理が可能である．また，メタ知識をクオート "'"，サーカムフレックス "^" とカンマ "," で記述することが可能である．これは，Common Lisp のリーダのマクロと同様のものであると考えると理解しやすい[7]．メタ知識によってオントロジを表現することが可能となる．次の例は，taro が ?x > ?y と信じるなら，hanako も ?x > ?y と信じるという命題を表現している．

```
(=> (believes taro (listof '> ?x ?y))
    (believes hanako (listof '> ?x ?y)) )
```

または

```
(=> (believes taro ^(> ,?x ,?y))
    (believes hanako ^(> ,?x ,?y)) )
```

さて，上記の例で，=>, and, >, expt, +, *, listof などは，KIF に組込みのリテラルであり，その解釈はモデル論的意味論によって定義されている．しかし，real-number, even-number, believes, taro, hanako などは，KIF としては無定義であり，その解釈は利用者がオントロジで定めなければならない．KIF はそのために，defobject, deffunction, defrelation, deflogical といった演算子を用意している．さらに，KIF では，Lisp 風に手続きも記述できる．これによって，知識と，メタ知識すなわちオントロジを同一の言語で記述することが可能となる．しかし，KIF の提供する述語論理の枠組みだけでオントロジを記述することは非常に手間がかかる．そのために開発されたのが，次に述べる Ontolingua である．

2.3.3 Ontolingua と OKBC

Ontolingua [6] は，KIF を拡張することによってフレームオントロジを表現するための言語であり，ソフトウェアツールである．フレームとは，知識表現の枠組みといった意味である．Ontolingua においては，フレームは次のような入れ子構造をなす．

```
フレーム（スロットの集合）
  スロット（フレームの属性）
    ファセット（スロットの特性）
```

フレームとは，オブジェクト指向的に言えば，クラスあるいはインスタンスに相当し，継承の階層構造を形成する．スロットはフレームの属性を記述し，ファセットは

---

[7]. KIF の "^" は Common Lisp のバッククオート "`" に相当する．

スロットの特性を記述する．例えば，人間というフレームには年齢というスロットがあり，そのファセットは 0 以上 150 以下の自然数であると書くことができる．

このようなフレームを KIF で表現するために，Ontolingua では，まず次のように関係（relation）を定義する．これは，KIF 組込みの defrelation とは異なることに注意してほしい．

```
(define-relation name (?x ?y)
  :def (kif_formula) )
```

ここで，name は関係の名前，?x と ?y は暗黙に全称量化される引数，kif_formula は KIF により関係を定義するための制約である．この場合は二項関係であるが，アリティの高い関係も同様に定義できる．例えば，define-relation を用いた Ontolingua の次の関係定義

```
(define-relation product (?item ?price)
  :def (and (Item ?item) (Currency ?price)) )
```

は，KIF では次のように翻訳されうる．

```
(defrelation product
  (Relation product)
  (Binary-Relation product)
  (Arity product 2)
  (Domain product Item)
  (Range product Currency) )
```

Ontolingua におけるクラスは，インスタンス変数である引数を一つだけもつ単項関係として次のように定義される．

```
(define-class name (?ivar)
  :axiom-def (kif_formula)
  :def (kif_formula) )
```

例えば，define-class を用いた次の Ontolingua のクラス定義

```
(define-class Human (?x)
  :axiom-def
    (Disjoint-Decomposition Human (Setof Male Female Other))
  :def
    (Animal ?x) )
```

は，次のように KIF の defrelation を用いた表現に翻訳されうる．

```
(defrelation Human
  (Class Human)
  (Arity Human 1)
  (Subclass-Of Human Animal)
  (Disjoint-Decomposition Human (setof Male Female Other)) )
```

関数は，関係とほぼ同様に定義されるが，:lambda-body に値を求めるための式を書く．これも KIF の deffunction とは別物である．

```
(define-function name (?x ?y) :-> ?v
  :def (kif_formula)
  :lambda-bydy (kif_expression) )
```

例えば，define-function を用いた次の Ontolingua の関数定義

```
(define-function plus (?x ?y) :-> ?z
  :def (and (Number ?x) (Number ?y) (Number ?z))
  :lambda-body (+ ?x ?y) )
```

は，次のように KIF の deffunction を用いた表現に翻訳されうる．

```
(deffunction plus (?x ?y ?z)
  (Function plus)
  (Arity plus 3)
  (Nth-Domain plus 1 Number)
  (Nth-Domain plus 2 Number)
  (Nth-Domain plus 3 Number)
  (= (plus ?x ?y) (+ ?x ?y)) )
```

Ontolingua におけるフレームオントロジは，二階の公理として表現される．これにより，クラス，インスタンス，スロットなどが定義される．その一部を次に示す．

```
class relation (?relation)
class function (?function)
class class (?class)
relation instance-of (?individual ?class)
relation subclass-of (?child-class ?parent-class)
relation subrelation-of (?child-relation ?parent-relation)
class binary-relation (?relation)
relation domain (?relation ?class)
relation domain-of (?domain-class ?binary-relation)
relation range (?relation ?class)
relation range-of (?class ?relation)
function exact-domain (?relation) :-> ?domain-relation
```

```
function exact-range (?relation) :-> ?class
function inverse (?binary-relation) :-> ?relation
relation has-value (?domain-instance ?binary-relation ?value)
relation value-type (?domain-instance ?binary-relation ?class)
relation value-cardinality (?domain-instance ?binary-relation) :-> ?n
```

ソフトウェアツールとしての Ontolingua Server は，オントロジエディタ，次に説明する OKBC サーバ，オントロジを統合する際に名前の衝突を検出するための Chimæra，データ構造を Lisp イメージで検査するためのインスペクタなどのウェブアプリケーションからなる．これらはウェブブラウザから使用可能である（URL は http://www-ksl-svc.stanford.edu:5915/）．エディタは Ontolingua によるオントロジを記述するためのヒューマンインタフェースを提供する．OKBC 経由で，Ontolingua サーバにオントロジの挿入，更新，検索，削除が可能である．

OKBC [7] は，Ontolingua の通信プロトコルである Generic Frame Protocol を拡張したアプリケーションプログラミングインタフェースである．これにより，Ontolingua のみならず，他の知識表現システムにおけるオントロジにアクセスするための，標準的なメタオントロジ（オントロジを定義するためのオントロジ）と，C, Java, Lisp によるプログラミング言語 API を提供する．

OKBC とは，Open Knowledge Base Connectivity の頭文字である．これから連想されるとおり，OKBC の目的は，データベースにおける ODBC（Open Data Base Connectivity）や JDBC（Java Data Base Connectivity）のそれに近い．すなわち，異なるデータベースや異なる知識表現システムは，それぞれ異なる独自の API，スキーマやオントロジの定義方法をもっているが，それらに対して一段階抽象度の高いインタフェースを設け，異なるシステムの差分を吸収させる．ユーザはそれを用いることにより，一つのプログラムで異なるデータベースや知識ベースにアクセスすることが可能となり，生産性と品質の向上が期待される．

OKBC は，クライアントアプリケーションを接続するためのフロントエンド API，知識ベース／データベースに接続するためのバックエンド API，バックエンド API とフロントエンド API を接続するための 2 種類のミドルエンド API（標準ミドルエンドおよび Tell&Ask ミドルエンド）から構成される．フロントエンド API はクライアントに 185 の操作を提供する．プログラミング言語としては Lisp, C, Java のバインディングがある．標準ミドルエンドはバックエンドに対して 51 の操作を提供する．Tell&Ask ミドルエンドはバックエンドに対して 24 の操作を提供する．バックエンドは，これらの操作を，自分が担当するデータベースや知識ベースの API を用いて実装する．標準ミドルエンドに接続されるバックエンドとしては，Ontolingua 用，

Ocelot 用，SQL データベース用，Loom 用のものなどがある．Tell&Ask ミドルエンドに接続されるバックエンドとしては，ATP 用，PowerLoom 用，Cyc 用のものなどがある．この様子を図 2-4 に示す．

OKBC では，表 2-2 に一部を示すようなプリミティヴを用いてオントロジを表現する．いわゆるインスタンスのことを，個体（Individual）と言うことに注意してほしい．

クライアントが用いることのできる代表的な操作の例を表 2-3 に示す．Lisp，C および Java の言語バインディングが用意されている．

また，OKBC は，Common Lisp のサブセットに近い手続き言語をサポートする．この中ですべての OKBC 操作を使用することができる．これを用いることにより，クライアントからの複数のオペレーション呼出しを，一つのサーバ側の手続きの実行で置き換えることができる．例えば，Java のクライアントからは，Lisp のコードをストリングに入れ，次のようにして呼び出す．

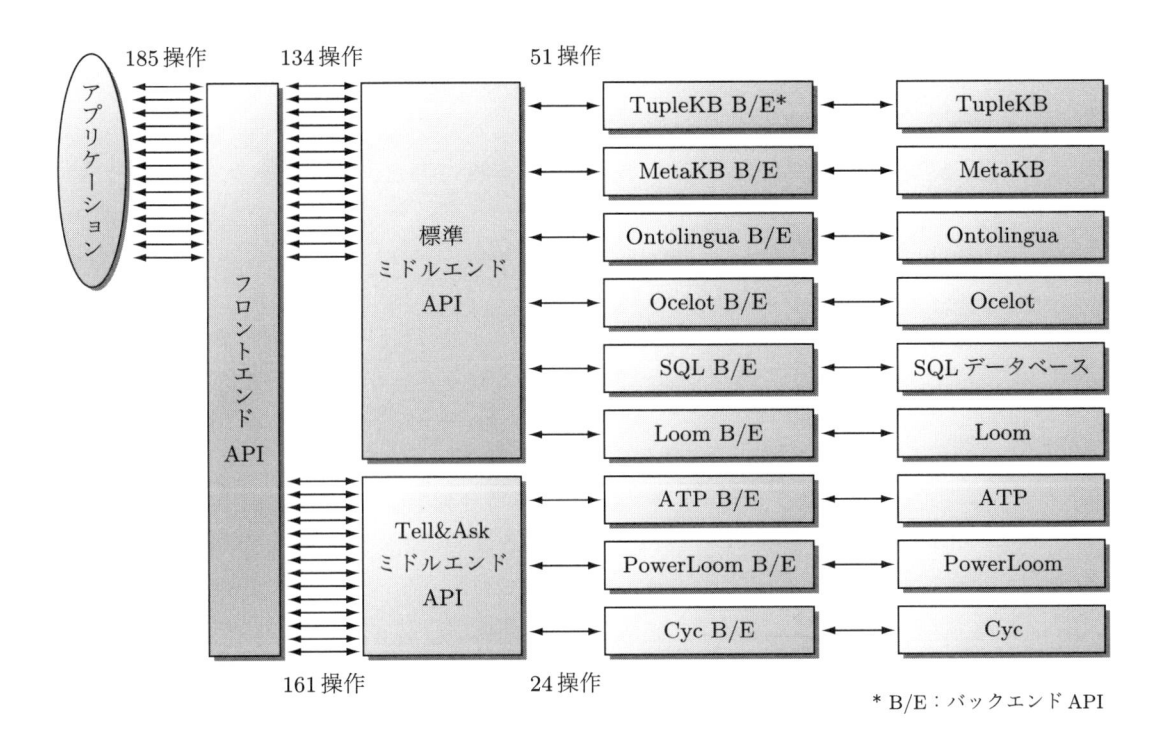

図 2-4　OKBC の概要

```
mykb.register_procedure (
  mykb.intern ("GET-TAXONOMY");
  mykb.create_procedure (
    "(class depth maxdepth)" +
    "(let ((pretty-name (get-frame-pretty-name class :kb kb)))" +
    "  (if (>= depth maxdepth)" +
    "    (list (list class pretty-name) :maxdepth)" +
    "    (list (list class pretty-name)" +
    "      (do-list (sub (get-class-subclasses :kb kb))" +
    "        (get-taxonomy sub (+ depth 1) maxdepth) ))))"
  );
);
Cons classes = mykb.call_procedure (p, Cons.list (mykb._thing, 0, 4));
```

表 2-2　プリミティヴを用いたオントロジの表現

表　　現	説　　明
Class (?Class)	?Class はクラスである
Individual (?Individual)	?Individual は個体である
Subclass-Of (?Child-Class ?Parent-Class)	?Child-Class は ?Parent-Class の下位クラスである
Instance-Of (?Individual ?Class)	?Individual は ?Class のインスタンスである
Relation (?Relation)	?Relation は関係である
Subrelation-of (?Child-Relation ?Parent-Relation)	?Child-Relation は ?Parent-Relation の下位関係である
Reflexive-Relation (?Relation)	?Relation は反射関係である
Symmetric-Relation (?Relation)	?Relation は対称関係である
Transitive-Relation (?Relation)	?Relation は推移関係である
Equivalence-Relation (?Relation)	?Relation は同値関係である
Slot-Of (?Slot ?Frame)	?Slot は ?Frame のスロットである
Facet-of (?Facet ?Slot ?Frame)	?Facet は ?Frame の ?Slot のファセットである
Minimum-Cardinality (?Slot ?Frame ?Number)	スロットのとりうる最小値
Maximum-Cardinality (?Slot ?Frame ?Number)	スロットのとりうる最大値

表2-3 クライアントが用いることのできる代表的な操作

表現	説明
establish-connection	OKBCとの接続を確立する
close-connection	OKBCとの接続を解除する
connection-p	接続であれば真を返す
create-kb	知識ベースを作成する
open-kb	知識ベースを開く
close-kb	知識ベースを閉じる
kb-p	知識ベースであれば真を返す
create-frame	フレームを作成する
delete-frame	フレームを削除する
frame-in-kb-p	知識ベース内のフレームであれば真を返す
get-frame-details	フレームの詳細を得る
put-frame-details	フレームの詳細を格納する
create-class	クラスを作成する
add-class-superclass	上位クラスを追加する
remove-class-superclass	上位クラスを削除する
get-class-instances	クラスのインスタンスを得る
get-class-subclasses	クラスの下位クラスを得る
get-class-superclasses	クラスの上位クラスを得る
class-p	クラスであれば真を返す
instance-of-p	クラスのインスタンスであれば真を返す
subclass-of-p	クラスのサブクラスであれば真を返す
individual-p	個体であれば真を返す
create-slot	スロットを作成する
delete-slot	スロットを削除する
get-frame-slots	フレームのスロットを得る
get-slot-value	スロットの値を得る
put-slot-value	スロットの値を格納する
remove-slot-value	スロットの値を削除する
slot-p	スロットであれば真を返す

2.4 FIPA エージェントにおけるオントロジ

FIPA の規定においては，アプリケーションごとにそこで用いられるオントロジが定められている．例えば，エージェント管理規定においては，管理エージェントに登録したり検索したりするためには，ACL の :ontology スロットに fipa-agent-management という予約語を指定する．また，その場合に SL で記述するコンテントの形式について指定されている．同様のことが，旅行エージェントアプリケーションや，秘書アプリケーション，ネットワーク管理アプリケーションなどでも定められている．

しかし，これらのオントロジは自然言語（英語またはその邦訳）で記述されており，形式的な定義があるわけではなかった．1997 年に最初の FIPA の規定が公開されたとき，これが問題として取り上げられ，1998 年にオントロジ管理をテーマの一つとすることになった．その結果作られたのが FIPA Ontology Service 規定 [8]（邦訳 [9]）である．本節ではこれを解説する．

FIPA のオントロジサービスは，前節で述べた種々のオントロジ技術の集大成である．OKBC は，異なる種類の知識ベースに対して統一的なアクセス方法を与えるという点で画期的な技術であった．しかし，OKBC は，Lisp, C または Java のプログラミング言語 API であるので，ACL から直接用いることができないという問題があった．そこで，FIPA では，OKBC の開発者たちと協力して，OKBC インタフェースをエージェントでラップする規定を作成した．この概要を図 2-5 に示す．

ここで，オントロジエージェントは，OKBC のフロントエンドに接続され，OKBC のクライアントとして振る舞う一方で，他のエージェントに対してオントロジサービスを提供するサーバとなる．OKBC のバックエンドはさまざまな知識ベースに接続される．これによって，オントロジエージェントが，OKBC の世界と，ACL によるエージェントの世界とを仲介することが可能となる．

基本的に，FIPA オントロジサービスは OKBC の知識モデルおよびメタオントロジを採用するが，いくつか拡張している点もある．その一つが，オントロジ間の関係についての述語を導入したことである．"(ontol-relationship ?ontology1 ?ontology2 ?level)" という述語は，表 2-4 の ?level をとる．

複数のオントロジの間の同値関係や翻訳可能性は，一般的に決定不能である（証明する手続きが存在しない）から，実際に関係がどうであるかを記述するのは人間の役割である．

ACL から OKBC を使用するために，オントロジサービスでは，表 2-5 の行為を導入した．

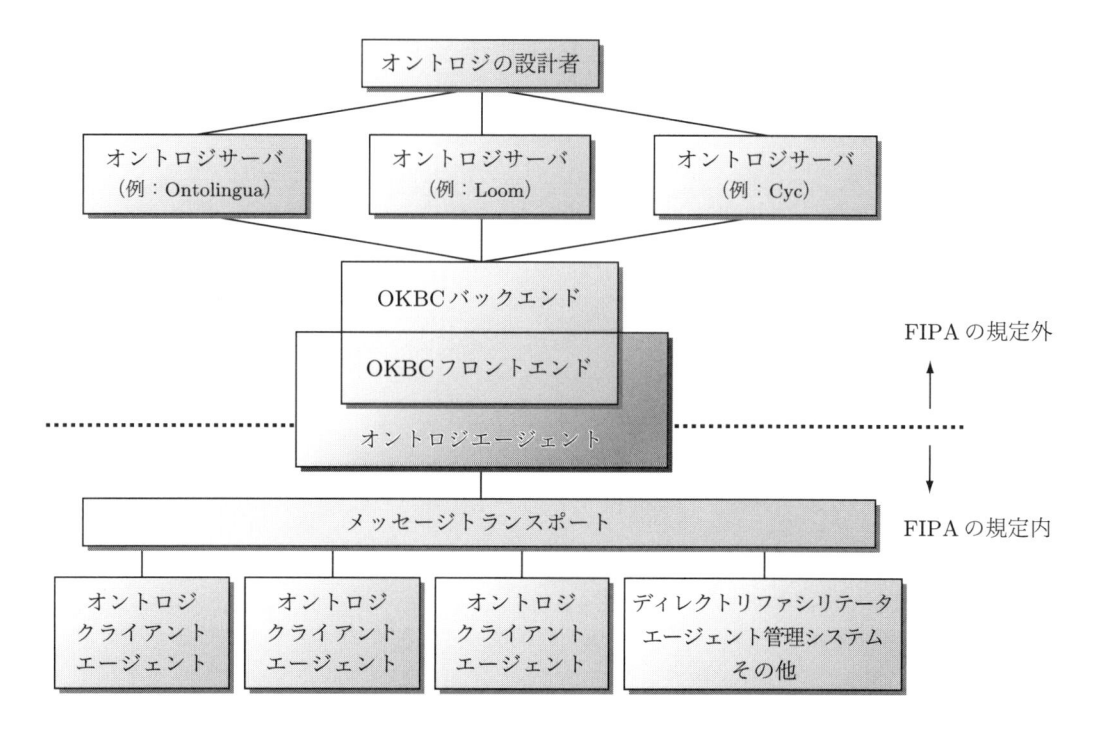

図 2-5　FIPA オントロジサービス

表 2-4　述語 "(ontol-relationship ?ontology1 ?ontology2 ?level)" がとる ?level

?level	説　明
Extension	?ontology1 が ?ontology2 を拡張する
Identical	?ontology1 と ?ontology2 は知識表現言語のレベルで同一である
Equivalent	?ontology1 と ?ontology2 は同一のオントロジを表現するが，知識表現言語は異なっていてもよい
Strongly-translatable	?ontology1 から ?ontology2 へ情報の損失および矛盾なしで翻訳が可能である
Weakly-translatable	?ontology1 から ?ontology2 へ情報の損失がありうるが矛盾なしで翻訳が可能である
Approx-translatable	?ontology1 から ?ontology2 へ情報の損失および矛盾を含みうるが翻訳が可能である

表 2-5 ACL から OKBC を使用するための行為

行為	説明
assert	命題を登録する
retract	命題を撤回する
atomic-sequence	不可分の一連の行為を指示する
translate	翻訳を行う

assert の例を次に示す．

```
request
 :sender (agent-identifier :name client-agent)
 :receiver (set (agent-identifier :name ontology-agent))
 :language fipa-sl2
 :ontology (set fipa-ontol-service-ontology animal-ontology)
 :content "(action (agent-identifier :name ontology-agent)
                   (assert (subclass-of whale mammal)) )" )
```

ここでは，client-agent から ontology-agent に対して "(assert (subclass-of whale mammal))"，すなわち「鯨が哺乳類のサブクラスであるという命題を登録せよ」という要求を行っている[8]．

retract の例を次に示す．

```
(request
 :sender (agent-identifier :name client-agent)
 :receiver (set (agent-identifier :name ontology-agent))
 :language fipa-sl2
 :ontology (set fipa-ontol-service-ontology animal-ontology)
 :content "(action (agent-identifier :name ontology-agent)
                   (retract (subclass-of whale fish)) )" )
```

ここでは，"(subclass-of whale fish)" という命題を撤回することを要求している．

atomic-sequence は，データベースのトランザクションと同様に，中断できない複数の行為を指示する．すなわち，すべての行為が行われるか，どの行為も行われないかのいずれかの結果となる．一部の行為だけが行われ，他の行為が行われないということはない．この例を次に示す．ここでは retract 行為と assert 行為が不可分である．

---

[8] 正確には，「"(subclass-of whale mammal)" という命題を登録するという行為が ontology-agent によって行われること」を，client-agent から ontology-agent に対して要求している．

```
(request
  :sender (agent-identifier :name client-agent)
  :receiver (set (agent-identifier :name ontology-agent))
  :language fipa-sl2
  :ontology (set fipa-ontol-service-ontology animal-ontology)
  :content "(action (agent-identifier :name ontology-agent)
    (atomic-sequence
      (retract (subclass-of whale fish))
      (assert (subclass-of whale mammal)) ))" )
```

次に translate の例を示す．

```
(request
  :sender (agent-identifier :name client-agent)
  :receiver (set (agent-identifier :name ontology-agent))
  :language fipa-sl2
  :ontology fipa-ontol-service-ontology
  :content "(action (agent-identifier :name ontology-agent)
    (translate (temperature 1:00PM (F 50))
      (translation-description :from us-english :to japanese) ))"
  :reply-with 001 )

(inform
  :sender (agent-identifier :name ontology-agent)
  :receiver (set (agent-identifier :name client-agent))
  :language fipa-sl2
  :ontology fipa-ontol-service-ontology
  :content "(result
    (action (agent-identifier :name ontology-agent)
      (translate (temperature 1:00PM (F 50))
        (translation-description :from us-english :to japanese) ))
    (温度 午後 1 時 (摂氏 10)) )"
  :in-reply-to 001 )
```

最初の文では，米国英語オントロジで"(temperature 1:00PM (F 50))"という述語（意味は「午後1時の温度が華氏50度である」とする）を日本語オントロジに翻訳せよという要求がなされている．次の文では，その翻訳の結果が"(温度 午後1時 (摂氏 10))"（意味は「午後1時の温度が摂氏10度である」とする）であるという返答がなされている[9]．

なお問い合わせには，FIPA ACL 標準の query-if（述語の場合）と query-ref（オブ

---

[9] ここでは，FIPA-Request 相互作用プロトコルを使用することが推奨されているが，この例では省略している．

ジェクトの場合）行為を用いる．

```
(query-if
  :sender (agent-identifier :name client-agent)
  :receiver (set (agent-identifier :name ontology-agent))
  :language fipa-sl2
  :ontology animal-ontology
  :content "(subclass-of whale fish)"
  :reply-with 002 )

(inform
  :sender (agent-identifier :name ontology-agent)
  :receiver (set (agent-identifier :name client-agent))
  :language fipa-sl2
  :ontology animal-ontology
  :content "(not (subclass-of whale fish))"
  :in-reply-to 002 )
```

この例では，クライアントエージェントがオントロジエージェントに対して，鯨は魚のサブクラスかどうかを尋ね，オントロジエージェントは，そうではないと答えている．

オントロジサービスの実装については [10] を参照してほしい．なお，この実装を含む FIPA エージェントプラットフォーム一式が，http://www.comtec.co.jp/ap/ より入手可能である．

2.5　エージェントとセマンティックウェブ

これまでに述べてきたように，エージェント技術においては，オントロジ記述，コンテント記述，ACL 記述の三つが密接に関係している．FIPA 以前は，ARPA KSE による Ontolingua, KIF, KQML の組合せが代表的であった．FIPA では，それぞれを改良し，OKBC に基づくオントロジサービス，コンテント言語 SL, FIPA ACL を制定した．

しかし，残念ながら，KSE にしても FIPA にしても，現在，その成果が産業界で広く普及しているとは言い難い．理由はいろいろ思いつくが，ここではボトムアップとトップダウンの両方向から考えてみたい．

ボトムアップの方向とは，ハードウェアやネットワークの制限のことである．1990 年代の貧弱なハードウェアや低速なネットワークでは，エージェントとオントロジを有効に活用するためのインフラストラクチャを提供することができなかった．例え

ば，Cycでは，オントロジを十分な速度で使用するためには，物理メモリを2ギガバイト以上要求する．これが容易に入手可能になったのは近年のことである．

トップダウンの方向とは，アプリケーションからの技術的な要求のことである．ミドルウェアとしてのエージェント技術やオントロジ技術がアプリケーションに提供する機能は確かに高度なものである．しかし，現実のアプリケーション開発の生産性と品質は，アカデミックに高度な主張よりも，現場にそれを使えるプログラマがどれだけいるかという点で評価される．運用とメンテナンスのコスト計算も然りである．この点で，オブジェクト指向技術はようやく産業界に受け入れられたと言えるが，エージェント／オントロジ技術はそこまでに至っていない．

しかし，高性能ハードウェアのコモディティ化とインターネットの爆発的な普及は，この状況を変えるきっかけになりうる．一昔前のスーパーコンピュータ相当の性能のPCを家電量販店で安価に購入できる．もはやボトムアップからの制限はないに等しい．また，インターネットによる世界規模の分散情報処理環境は，新しいソフトウェア工学の手法を要求している．OWLの開発に代表されるセマンティックウェブアクティビティは，まさしくその要求に沿ったものである．

だが，オントロジ記述言語を策定しただけでは，アプリケーション構築が次の段階に進むとは考えにくい．そもそもアプリケーションの問題領域の記述を，オントロジという形で，アプリケーションの外部に明示的かつ形式的にもつ必要があるのは，異種アプリケーションの間で連携し，新たな価値を創造するためにほかならない．そうであれば，そのオントロジに基づき，異なるアプリケーションを統合するための，より進んだソフトウェアの抽象化が必要となる．そして，それこそがエージェント技術である．

その意味で，今後，FIPAエージェントは，セマンティックウェブの技術を取り入れ，それと連携しながら，次世代ウェブの地平を切り拓いていくことが期待される．

参考文献

[1] 本位田真一・飯島正・大須賀昭彦『エージェント技術』共立出版ソフトウェアテクノロジーシリーズ 3, 1999.

[2] D. B. Lenat and R. V. Guha: *Building Large Knowledge-based Systems: Representation and Inference in the Cyc Project*, Addison-Wesley, 1990.

[3] J. Mayfield, T. Finin, R. Narayanaswamy and C. Shar: "The Cycic Friends Network: getting Cyc agents to reason together", http://www.cs.umbc.edu/%7Efinin/papers/cfn95.pdf.

[4] Y. Labrou and T. Finin: "A Proposal for a new KQML Specification", TR CS-97-03, February 1997, Computer Science and Electrical Engineering Department, University of Maryland Baltimore County, Baltimore, MD 21250, http://www.cs.umbc.edu/%7Ejklabrou/publications/tr9703.ps.

[5] M. R. Genesereth et al.: "Knowledge Interchange Format draft proposed American National Standard (dpANS) NCITS. T2/98-004", http://logic.stanford.edu/kif/dpans.html.

[6] A. Farquhar, R. Fikes and J. Rice: "The Ontolingua Server: A Tool for Collaborative Ontology Construction", *International Journal of Human-Computer Studies*, vol.46(6), pp. 707-727, 1997.

[7] V. K. Chaudhri, A. Farquhar, R. Fikes, P. D. Karp and J. P. Rice: "Open Knowledge Base Connectivity 2.0.3–Proposed–", Technical Report KSL-98-06, Knowledge Systems Laboratory, Stanford University, http://www.ai.sri.com/~okbc/spec.html, 1998.

なお，この文書のより新しい版 (2.0.4) の一部が次の [8][9] に含まれている．OKBC の 2.0.4 版は，これ以外には一般に公開されていない．

[8] FIPA: "FIPA Ontology Service Specification", http://www.fipa.org/specs/fipa00086/, 2001.

[9] FIPA（インテリジェントエージェント研究会訳）「FIPA 仕様第 12 部オントロジサービス」，http://www.comtec.co.jp/fipatrans/, 1998.

これは [8] の旧版の翻訳であるが，本質的な差異はない．

[10] H. Suguri, E. Kodama, M. Miyazaki, H. Nunokawa and S. Noguchi: "Implementation of FIPA Ontology Service", Proc. Ontologies in Agent Systems (OAS2001) at 5th International Conference on Autonomous Agents, pp.61-68.

第 3 章

OWL ウェブオントロジ言語

本章では，W3C において標準化され，2004 年 2 月に勧告として発表されたウェブオントロジ言語 OWL の概要について解説をする．

3.1　OWL とは

OWL は W3C（http://www.w3.org/）におけるセマンティックウェブ活動の一環として，ウェブオントロジ作業グループによって作成されたウェブオントロジ言語である．W3C から以下の六つの勧告が 2004 年 2 月 10 日に発表された．

(1) OWL Overview（概要）—— http://www.w3.org/TR/owl-features/
(2) OWL Guide（手引）—— http://www.w3.org/TR/owl-guide/
(3) OWL Reference（機能一覧）—— http://www.w3.org/TR/owl-ref/
(4) OWL Semantics and Abstract Syntax（意味論及び抽象構文）—— http://www.w3.org/TR/owl-semantics/
(5) OWL Web Ontology Language Test Cases（ウェブオントロジ言語試験事例）—— http://www.w3.org/TR/owl-test/
(6) OWL Use Cases and Requirements（利用事例及び要件）—— http://www.w3.org/TR/webont-req/

(1) は，OWL の簡単な紹介で，言語機能をリストアップし，それぞれについてごく簡単な機能記述がされている．(2) は，事例を用いながら，OWL 言語の使用法が例示されている．また，用語集もこの中にある．(3) は，OWL のすべてのモデル化基本要素について，非形式的ではあるが体系的で集約的な記述がなされている．(4) は，OWL 言語の規定としての定義が示されている．(5) には，OWL の試験事例が含まれている．(6) は，OWL の使用事例と要件を述べている．

本書には，このうち (1) から (4) までの邦訳が付録 CD-ROM に収められているので，各文書の詳細についてはそれらを参照されたい．以下では，主に初心者を対象にして OWL の概要を述べる．

3.1.1 OWL の特徴

OWL はウェブオントロジ言語という名が示すように，ウェブ上での使用を前提としている．決してスタンドアロンでの使用ができないわけではないが，ウェブ上での使用により適した言語仕様となっている．それゆえ，OWL に対して，汎用のオントロジ記述言語ないしオントロジ記述言語の最終形という見方をすることは，過度の期待を呼ぶ危険性がある．

ウェブオントロジという理由で採用された考え方の一つが，分散指向である．これは例えばある主題に関するオントロジがウェブ上に分散して存在するという考え方である．このためにオントロジの取込みのための仕組みが用意されている．この結果，ウェブ上の別の場所で開発され，メンテナンスされているオントロジを取り込み，さらにそれを利用し拡張するようなオントロジを作ることが可能となる．OWL の特徴の一つである開世界仮説（open world assumption）の採用と一意名仮説（unique name assumption）の不採用は，ともにこのウェブ上での分散指向という性質と密接に関係している．

開世界仮説と一意名仮説

OWL では開世界仮説（open world assumption）が採用されている．開世界仮説とは，それについて言及されていないからといって，何かが存在しないとは言えないことを意味する．別の言い方をすると，そうではないということが明示されているか，推論から明らかである場合を除き，そうである可能性を常に排除できないということである．一方で，情報の追加は単調である．新しい情報は，以前の情報を撤回することができない．開世界仮説の逆が閉世界仮説（closed world assumption）で，言及されていないことは存在しない（存在することはすべて言及されている）とみなすものである．

また，OWL では一意名仮説（unique name assumption）を採用しない．一意名仮説とは，その世界である物を示す名称が唯一であることを言う．その場合，名称が異なっていれば，それらは異なるものであると言うことができる．逆に，これが成り立たないということは，名称が異なっているという理由だけからは，それらが同一のものである可能性を排除できないということである．

3.1.2 OWL に関連する勧告

OWL に関連する W3C 勧告として，XML，XML スキーマ，RDF，RDF スキーマがあり，これらの関係は以下のように規定されている．

(a) XML は，構造化文書に表面的な構文を提供するが，これらの文書の意味に意味論的な制約を課すものではない．
(b) XML スキーマは，XML 文書の構造を制限するための言語であり，データ型を用いて XML の拡張も行う．
(c) RDF は，オブジェクト（"資源"）およびオブジェクト間の関係のデータモデルであり，このデータモデルに単純な意味論を提供する．これらのデータモデルは XML 構文で表現することができる．
(d) RDF スキーマは，RDF 資源の特性およびクラスを，こういった特性およびクラスの一般化階層の意味論を用いて記述するための語彙である．
(e) OWL では，特性およびクラスを記述するために，より多くの語彙を追加している．これには，クラス間の関係，メンバ数，同等性，特性のより豊富な型付け，対称性などの特性の特徴および列挙クラスがある．

したがって OWL は，構文，意味論ともに RDF の拡張と考えることができる．特に，OWL の意味論を考える際は RDF に関する知識が必須となるが，本書ではそこまでは踏み込まないため，以下では RDF に関する知識を仮定せずに説明を行う．

3.1.3 OWL の 3 種類の下位言語

OWL には，記述能力が異なる OWL Lite，OWL DL，OWL Full という 3 種類の下位言語が存在する．このうち，OWL Full はフルセットの OWL 言語であるが，ここでは便宜上，下位言語という言い方をする．

OWL Lite は，3 種類のうちで最も記述能力の制限された言語で，主にタクソノミや簡単な制約が必要とされるような用途に向いている．具体的には，OWL 言語で規定されている構成要素のうち一部が使えない（列挙によるクラスの指定など），使い方が制限されている（メンバ数の指定など）といった制限が設けられている．しかし，これらの制限と引き換えに，OWL Lite はそれほど複雑性をもたないため，ツールの作成は容易である．

OWL DL は，計算完全性（すべての結論が計算可能であることが保証されている），および決定可能性（すべての計算が有限時間内に終了する）を保持しつつ，最大の表現能力を提供する下位言語である．OWL DL には OWL 言語のすべての構成要素が

下位言語のうちでどれを採用するか

OWL で記述されたある特定のオントロジを見て，実際に使用されている構成要素およびその使用方法から，それが 3 種類の下位言語のうちどれに相当するかを判断することは可能である．しかし，オントロジの設計という観点からは，はじめに目的にあった下位言語を定め，その範囲内で記述が完結するようにオントロジを構築していくことが一般的であると考えられる．

その際，言語の表現能力，使用可能な要素の種類，使用方法の自由度と，入手可能な計算機支援環境やツールの制約とのトレードオフになるという点を考慮しなければならない．

含まれており，使用できない構成要素はないが，上の条件を満たすために，その使用には一定の制限が課されている．例えばクラスと個体は互いに素でなければならない．OWL DL という名称は，記述論理（description logic）からきている[1]．

OWL Full は，最大の表現能力と RDF の構文の自由を提供するが，その代償として OWL DL のような計算上の保証が伴わない．OWL Full では OWL 言語のすべての構成要素の使用について，何の制約も課されない．このことから，OWL Full のすべての機能に対する完全な推論機構を構築することは難しい．

3.2　OWL 文書の構造

前節で述べたように，OWL は RDF，RDF スキーマをもとにしており，OWL を用いた記述の中でも RDF や RDF スキーマの構成要素が用いられる．また，表現方法も RDF と同様にさまざまな記法を用いることが可能であるが，標準的な交換用構文としては RDF/XML 構文を用いることになっている．本書の説明でもこれを用いる．

RDF/XML 構文で記述された OWL を格納した文書（以下，OWL 文書と呼ぶ）で使用される XML 名前空間は以下の四つとなる[2]．

- OWL 名前空間 —— http://www.w3.org/2002/07/owl#
- RDF 名前空間 —— http://www.w3.org/1999/02/22-rdf-syntax-ns#

---

[1]. このことからもわかるように，OWL は，人工知能分野で研究されてきた記述論理という論理体系がもとになっている．記述論理を表現する言語はこれまでにも存在しており，その点では特に新しいものではない．

[2]. このうち，XML スキーマデータ型名前空間は，当該 OWL 文書でデータ型がまったく使用されていないならば省略可能である．

- RDF スキーマ名前空間 —— http://www.w3.org/2000/01/rdf-schema#
- XML スキーマデータ型名前空間 —— http://www.w3.org/2001/XMLSchema#

また，そうである必然性はないが，これらに対して典型的に用いられる名前空間接頭辞はそれぞれ

- OWL 名前空間 —— owl:
- RDF 名前空間 —— rdf:
- RDF スキーマ名前空間 —— rdfs:
- XML スキーマデータ型名前空間 —— xsd:

であり，以下の説明でもこれらを用いる．

このほかに，当該オントロジ自身の名前空間，必要に応じて取り込まれる他のオントロジの名前空間が必要となる．この結果，OWL 文書においては，複数の名前空間が混在し，一見複雑な様相を呈するが，構成要素ごとに名前空間は決まっているので，それほど混乱することはない．

OWL には owl:Ontology という要素が存在するが，OWL 文書の開始は owl:Ontology ではなく rdf:RDF である[3]．同様に，OWL 文書の MIME（Multipurpose Internet Mail Extensions）型も独自のものは規定されておらず，RDF の MIME 型 application/rdf+xml を用いるか，XML の MIME 型 application/xml を用いることになっている．ファイルの拡張子は ".rdf" ないし ".owl" が推奨されている．

よって，典型的な OWL 文書は以下のような記述から始まる．以下の例では当該オントロジ自身の名前空間を "http://www.example.com/owl/sample.owl#" としている．

```
<rdf:RDF
  xmlns:owl="http://www.w3.org/2002/07/owl#"
  xmlns:rdf="http://www.w3.org/1999/02/22-rdf-syntax-ns#"
  xmlns:rdfs="http://www.w3.org/2000/01/rdf-schema#"
  xmlns:xsd="http://www.w3.org/2001/XMLSchema#"
  xmlns="http://www.example.com/owl/sample.owl#"
  xml:base="http://www.example.com/owl/sample.owl">
```

---

[3]. `owl:Ontology` は当該オントロジ自身に関する情報を記述するために用いられる．

3.3 OWLの基本構成要素

OWLの基本構成要素はクラス，特性，および個体であり，OWL文書ではこれらに関する記述をしていく．この記述の順序については何の制限もないが，典型的にはたかだか一つしかない任意のオントロジヘッダの後に，任意の数のクラス公理，特性公理，および個体に関する事実の記述が続く．次節以降では各構成要素について説明する．

3.4 クラス

クラスとは，類似する特徴をもつ資源をグループ化したものである．クラスは外延と内包をもつ．クラスの外延とはそのクラスに属する個体の集合であり，その中の個体は，そのクラスのインスタンスと呼ばれる．クラスの内包は，そのクラスの意味，すなわち基礎となる概念である．内包が同じであれば必然的に外延も等しくなるが，外延が同じだからといって，内包も等しいとは言えない．同じインスタンスから構成されてはいるが，意味的には異なるクラスが存在しうる．

3.5 クラス記述とクラス公理

OWLのクラスは，クラス名か，または名前付けされない匿名クラスの外延を指定するかのいずれかによって記述される．前者については3.5.1項で述べる．後者の具体的な方法としては，インスタンスの列挙（3.5.2項），特性の制限（3.5.3，3.5.4項），他のクラスの集合演算による表現（3.5.5項）がある．

RDFスキーマにおいてもClass（rdfs:Class）は存在する．あえてowl:Classが設定されたのは，OWL LiteおよびOWL DLにおけるクラスに対する制限のためである．OWL Fullにおいてはowl:Classとrdfs:Classは等価であるが，OWL LiteおよびOWL DLにおいてはowl:Classはrdfs:Classの部分集合となる．

owl:Thingクラスおよびowl:Nothingクラスという二つのOWLクラス識別子が事前に定義されている．owl:Thingクラスの外延はすべての個体の集合である．owl:Nothingクラスの外延は空集合である．したがって，すべてのOWLクラスは，owl:Thingの下位クラスであり，かつ，owl:Nothingはすべてのクラスの下位クラスである[4]．

---

[4] 下位クラスの詳細については3.5.6項の下位クラス公理を参照．

3.5.1 クラス名によるクラス記述

クラス名によるクラス記述は，rdf:ID 属性の値にクラス名をもった owl:Class によって表される．

```
<owl:Class rdf:ID="c1" />
```

この例では，c1 という名前をもつクラスが存在することを言っているにすぎない．このクラスは自動的に owl:Thing クラスの下位クラスとなる．そのことを下位クラス公理を使って明記する必要はない．

3.5.2 インスタンスの列挙によるクラス記述

そのクラスのインスタンスである個体を網羅的に列挙したリストを用いて，それらのみを含むようなクラスを記述することができる．リストの記述には，rdf:parseType 属性の値が "Collection" である owl:oneOf を用い，その子要素としてインスタンスとなる個体を列挙する．なお，列挙によるクラス記述は OWL Lite では使用できない．

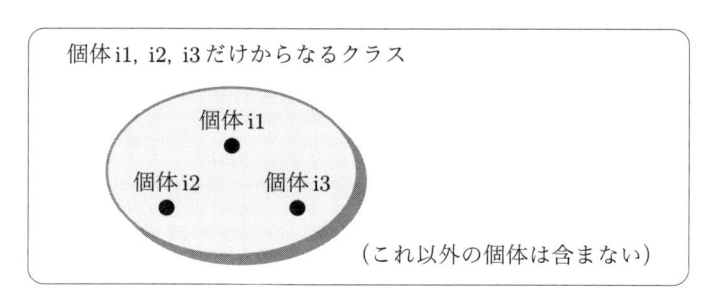

図 3-1　列挙によるクラス記述

```
<owl:Class>
  <owl:oneOf rdf:parseType="Collection">
    <owl:Thing rdf:about="#i1" />
    <owl:Thing rdf:about="#i2" />
    <owl:Thing rdf:about="#i3" />
  </owl:oneOf>
</owl:Class>
```

この例では別の箇所で定義されている個体を owl:Thing のインスタンスという形で参照している．これにより，それぞれ i1, i2, i3 という名前をもつ個体からなるクラスを記述している．

3.5.3 特性値に関する制約によるクラス記述

特性に関する制限を記述することにより，クラスを表現することができる．特性に関する制限としては，値に関する制約とメンバ数に関する制約の二つがある．本項で前者について，続く 3.5.4 項で後者について述べる．記述パタンはこれらに共通して，owl:onProperty と制約の記述を子要素としてそれぞれ一つずつもつ owl:Restriction を使って表す．owl:Restriction は owl:Class の下位クラスである．

(i) すべての値に関する制約（owl:allValuesFrom）

ある特性を指定して，その値が以下のような条件を満たすクラスを表す．(1) 指定された特性がオブジェクト特性の場合，その特性の値がすべて指定されたクラスの外延のインスタンスである．(2) 指定された特性がデータ型特性の場合，その特性の値がすべて指定されたデータ値域内のデータ値である[5]．

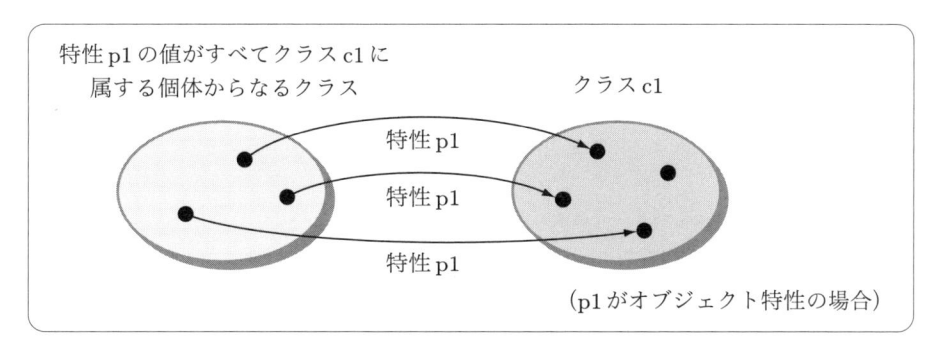

図 3-2　特性のすべての値に関する制約

```
<owl:Restriction>
  <owl:onProperty rdf:resource="#p1" />
  <owl:allValuesFrom rdf:resource="#c1" />
</owl:Restriction>
```

上の例は，特性 p1 の値がすべてクラス c1 の外延のインスタンスであるような個体からなるクラスを表している．

全称量化子の解釈と同じく，これはその特性の存在については一切言及していない．よって，そもそもその特性をもたない個体については真となることに注意されたい．

---

[5]. オブジェクト特性とデータ型特性については 3.6 節を参照．

(ii) ある値に関する制約（owl:someValuesFrom）

ある特性を指定して，その値が以下のような条件を満たすクラスを表す．（1）指定された特性がオブジェクト特性の場合，その特性の値のうち少なくとも一つが指定されたクラスの外延のインスタンスである．（2）指定された特性がデータ型特性の場合，その特性の値のうち少なくとも一つが指定されたデータ値域内のデータ値である．

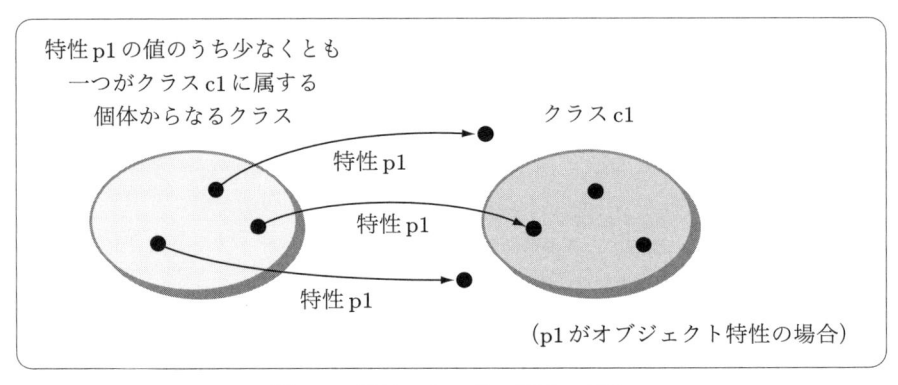

図 3-3 特性のある値に関する制約

```
<owl:Restriction>
  <owl:onProperty rdf:resource="#p1" />
  <owl:someValuesFrom rdf:resource="#c1" />
</owl:Restriction>
```

上の例は，特性 p1 の値のうち少なくとも一つがクラス c1 の外延のインスタンスであるような個体からなるクラスを表している．

存在量化子の解釈と同じく，その特性に関して条件を満たす値が一つでもあれば，その他の値については指定された値域に属さないものが存在していてもよい．

(iii) 特定の値を指定する制約（owl:hasValue）

ある特性を指定して，その値が以下のような条件を満たすクラスを表す．（1）指定された特性がオブジェクト特性の場合，その特性の値が指定された個体である．（2）指定された特性がデータ型特性の場合，その特性の値が指定されたデータ値である．OWL Lite では使えない．

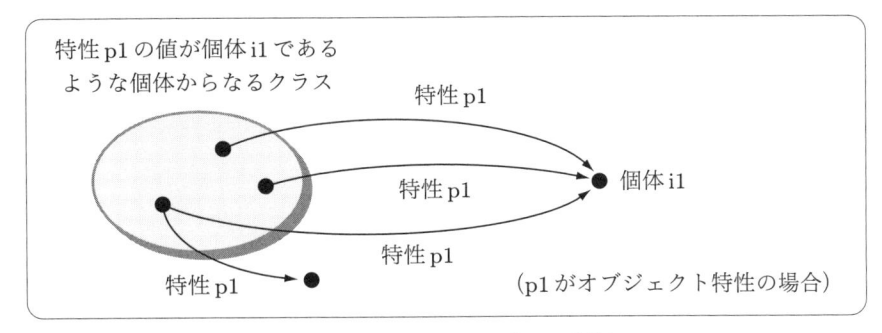

図 3-4 特性の値を指定する制約

```
<owl:Restriction>
  <owl:onProperty rdf:resource="#p1" />
  <owl:hasValue rdf:resource="#i1" />
</owl:Restriction>
```

上の例は，特性 p1 の値が個体 i1 であるような個体からなるクラスを表す．ただし，このとき特性 p1 は同時に i1 以外の値をもっていてもよい．

3.5.4 特性のメンバ数に関する制約

局所的に特性のメンバ数を制限することによりクラスを記述する．特性のメンバ数とは，特性の値のうち異なるものの数のことである．局所的という意味は，その特性の値が常にそのような制限を受けるわけではないということである．なお，OWL Lite ではメンバ数として 0 または 1 しか記述できない．

(i) メンバ数の最大値についての制約（owl:maxCardinality）

ある特性を指定して，その値のうち異なるものの数の最大値が指定された非負整数であるような個体からなるクラスを表す．

```
<owl:Restriction>
  <owl:onProperty rdf:resource="#p1" />
  <owl:maxCardinality
    rdf:datatype="&xsd;nonNegativeInteger">2</owl:maxCardinality>
</owl:Restriction>
```

上の例は，特性 p1 の値で異なるものの個数が 2 個以下であるような個体からなるクラスを表している．これはメンバ数の最大値を指定しているのみで，その特性の存在については何も言及していない．よって，ある個体がその特性をもたない場合メンバ数は 0 となり，この最大値の条件を満たすことになる．

(ii) メンバ数の最小値についての制約（owl:minCardinality）

ある特性を指定して，その値のうち異なるものの数の最小値が指定された非負整数であるような個体からなるクラスを表す．指定された数が1以上であれば，指定された特性に対して値をもたなければならないという意味になる．

```
<owl:Restriction>
  <owl:onProperty rdf:resource="#p1" />
  <owl:minCardinality
    rdf:datatype="&xsd;nonNegativeInteger">2</owl:minCardinality>
</owl:Restriction>
```

上の例は，特性 p1 の値で異なるものの個数が2個以上であるような個体からなるクラスを表している．その特性をもたない個体はメンバ数が0となるので，この条件を満たさない．

(iii) メンバ数の値についての制約（owl:cardinality）

ある特性を指定して，その値のうち異なるものの数が指定された非負整数であるような個体からなるクラスを表す．同じ属性に対して owl:maxCardinality と owl:minCardinality を同じ値にすれば，同様の制約を表すことができる．

```
<owl:Restriction>
  <owl:onProperty rdf:resource="#p1" />
  <owl:cardinality
    rdf:datatype="&xsd;nonNegativeInteger">2</owl:cardinality>
</owl:Restriction>
```

上の例は，特性 p1 の値で異なるものの個数がちょうど2個であるような個体からなるクラスを表している．

3.5.5　クラスの集合演算によるクラス記述

既存のクラスの集合演算を用いて，クラスを記述する．クラスの集合演算には，複数クラスの積集合，和集合，および単一クラスの補集合がある．OWL Lite ではこのうち積集合しか使えない．

(i) 複数クラスの積集合（owl:intersectionOf）

rdf:parseType 属性の値が "Collection" である owl:intersectionOf の子要素に積集合をとるクラス記述を列挙することにより，それらのクラスのすべての外延に属する個体からなるクラスを表す．

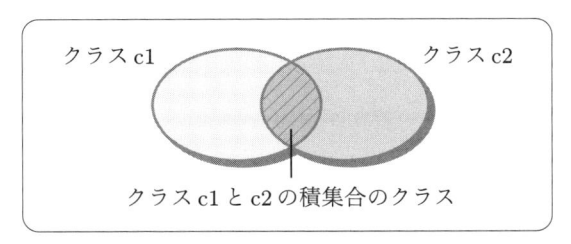

図 3-5　積集合によるクラス記述

```
<owl:Class>
  <owl:intersectionOf rdf:parseType="Collection">
    <owl:Class rdf:about="#c1" />
    <owl:Class rdf:about="#c2" />
  </owl:intersectionOf>
</owl:Class>
```

上の例は，クラス c1 とクラス c2 の外延の積集合に属する個体からなるクラスを表している．

(ii) 複数クラスの和集合（owl:unionOf）

rdf:parseType 属性の値が "Collection" である owl:unionOf の子要素に和集合をとるクラス記述を列挙することにより，それらのクラスの外延のうち少なくとも一つに属する個体からなるクラスを表す．

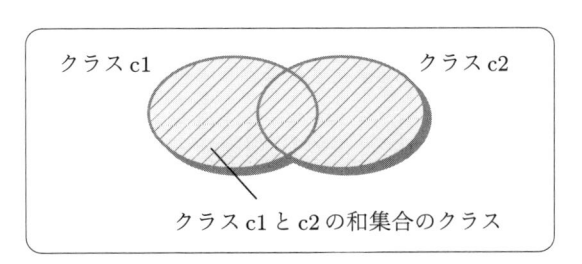

図 3-6　和集合によるクラス記述

```
<owl:Class>
  <owl:unionOf rdf:parseType="Collection">
    <owl:Class rdf:about="#c1" />
    <owl:Class rdf:about="#c2" />
  </owl:unionOf>
</owl:Class>
```

上の例は，クラス c1 とクラス c2 の外延の和集合に属する個体からなるクラスを表している．

(iii) 単一クラスの補集合（owl:complementOf）

owl:complementOf の子要素に一つのクラス記述をもたせることにより，そのクラスの外延に属さない個体からなるクラスを表す．

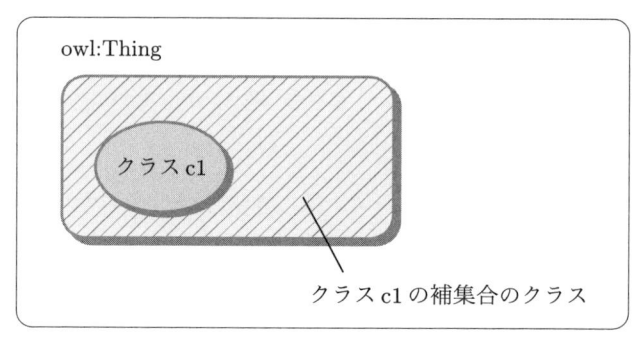

図 3-7 補集合によるクラス記述

```
<owl:Class>
  <owl:complementOf>
    <owl:Class rdf:about="#c1" />
  </owl:complementOf>
</owl:Class>
```

上の例は，クラス c1 の外延の補集合に属する個体からなるクラスを表している．この場合，全体集合は owl:Thing である．

3.5.6 クラス公理

クラス公理はクラスに関する定義と考えてよい．最も単純なクラス公理はクラス名によるクラス記述を用いてクラスを定義するものである．

```
<owl:Class rdf:ID="c1" />
```

この例では，c1 がある OWL クラスの名前であることを宣言している．

より詳細にクラスを定義する場合は，別のクラス記述をクラス公理に結び付ける．以下でそのようなクラス公理について述べる．

(i) 下位クラス公理（rdfs:subClassOf）

RDF スキーマの構成要素 rdfs:subClassOf を用いて，下位クラスの関係を表す．クラス c1 がクラス c2 の下位クラスであるとは，c1 の外延に含まれる個体の集合が c2 の外延に含まれる個体の集合の部分集合になっていることを言う．部分集合という

条件から，あるクラスは常に自分自身の下位クラスである．一つのクラスをとってみた場合，複数のクラスの下位クラスであることがあるので，一つのクラスに対して下位クラス公理はいくつ存在してもよい．

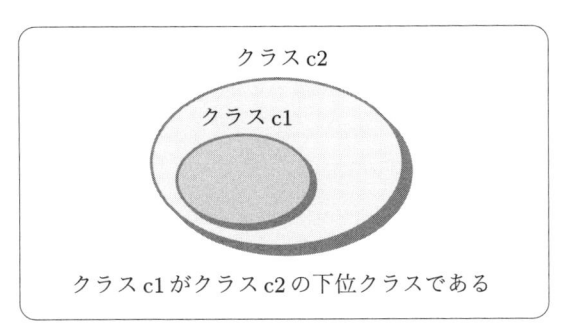

図 3-8 下位クラス公理

```
<owl:Class rdf:ID="c1">
  <rdfs:subClassOf rdf:resource="#c2" />
</owl:Class>
```

下位クラスであることは，ある個体がそのクラスに属するか否かを決定する際に必要条件とはなるが，十分条件にはならない．すなわち，別のクラスの下位クラスであるという情報だけから，ある個体がそのクラスに属するか否かを決定することはできない．このため，下位クラス公理はそれだけではクラスの定義としては不完全である．

(ii) 等価クラス公理（owl:equivalentClass）

owl:equivalentClass を用いて，二つのクラスが等価であること，すなわち二つのクラスが同一の外延をもつことを表す．

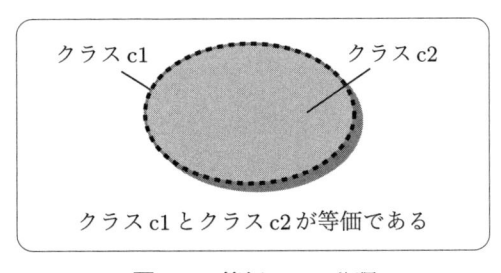

図 3-9 等価クラス公理

```
<owl:Class rdf:ID="c1">
  <rdfs:equivalentClass rdf:resource="#c2" />
</owl:Class>
```

> ### クラスの等価性と同等性
>
> owl:equivalentClass は二つのクラスの外延が等しいこと（等価性）を表すが，それらの内包が等しいかどうかについては言及していない．一般に，外延は等しくとも，内包が異なることはある．OWL では，内包も等しいこと（同等性）を表すためには owl:sameAs を用いる．しかしながら，owl:sameAs は個体についてしか用いることができないという制限があるため，クラスの同等性はクラスを個体としても扱うことができる OWL Full でしか表現できない．

上の例は，クラス c1 とクラス c2 の外延が等しいことを表している．

クラス c1 と c2 が互いに下位クラスの関係にあれば，これらは等価であると言うことができる．この応用として，c2 および c3 がそれぞれ c1 の下位クラスで，c1 は c2 と c3 の和集合の下位クラスであるとすると，c1 は c2 または c3 で完全に覆い尽くされる．さらに c2 と c3 が以下に述べる排他クラス公理で関連付けられていれば，c1 は完全に c2 と c3 によって分割される．

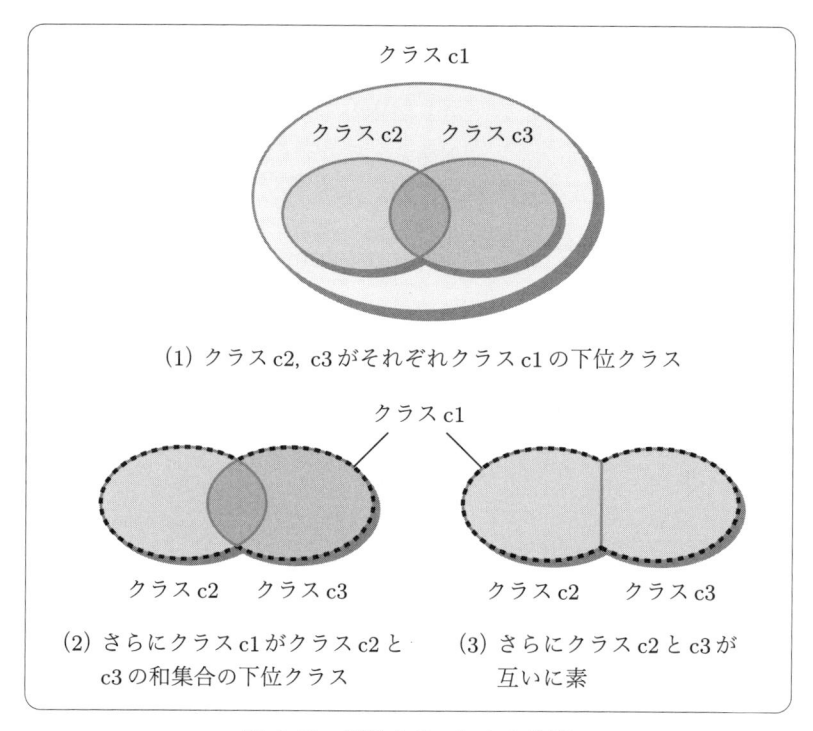

図 3-10 下位クラスによる分割

等価クラス公理によって記述されたクラスは，そのインスタンスであるための必要十分条件が定まるため，完全である．

(iii) owl:equivalentClass 以外の完全なクラス公理

列挙または集合演算を用いた匿名クラス記述に名前付けを行うことにより，そのクラスのインスタンスであるための必要十分条件が設定される．よってこれらも完全なクラス公理となる．

列挙を用いた例を以下に示す．

```
<owl:Class rdf:ID="c1">
  <owl:oneOf rdf:parseType="Collection">
    <owl:Thing rdf:about="#i1" />
    <owl:Thing rdf:about="#i2" />
    <owl:Thing rdf:about="#i3" />
  </owl:oneOf>
</owl:Class>
```

上の例において，クラス c1 は，個体 i1, i2, i3 からなるクラスであり，それ以外の個体はインスタンスとして含まれない．

(iv) 排他クラス公理（owl:disjointWith）

owl:disjointWith によって，二つのクラスの外延に共通の個体が存在しないことを表す．これはクラスを構成する際の必要条件とはなるが，十分条件ではない．

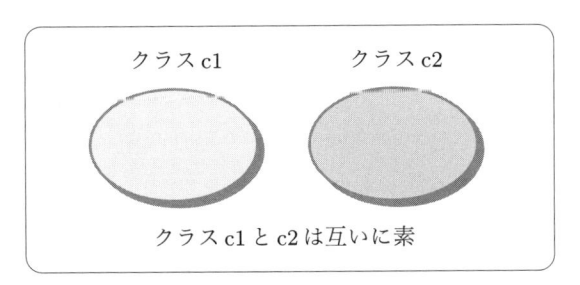

図 3-11　排他クラス公理

```
<owl:Class rdf:about="#c1">
  <owl:disjointWith rdf:resource="#c2" />
</owl:Class>
```

上の例において，クラス c1 とクラス c2 のそれぞれの外延の積集合は空集合となる．なお，owl:disjointWith は OWL Lite では使用できない．

3.6 特性

特性には，個体を個体に関係付けるオブジェクト特性と，個体をデータ値に関係付けるデータ型特性がある．オブジェクト特性は owl:ObjectProperty のインスタンス，データ型特性は owl:DatatypeProperty のインスタンスとして記述する．これらはともに rdf:Property の下位クラスである．特性は，特性公理によって，その特徴の定義が行われる．

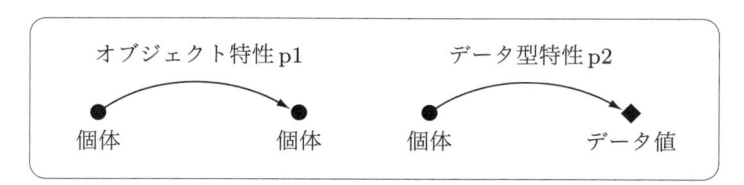

図 3-12 特性の種類

データ型特性におけるデータ値域の指定方法としては，RDF のデータ型付けを利用して XML スキーマデータ型を参照する方法，RDF スキーマのクラスである rdfs:Literal を用いる方法，owl:oneOf を用いた列挙データ型を構成する方法があるが，詳細については付録 CD-ROM を参照されたい．

以下の説明で特性の外延とは，上図においてある特性で結び付けられた個体と個体，ないし個体とデータ値（RDF の用語で言うところの主語と述語）の対の集合を言う．

3.6.1 RDF スキーマ構成要素を用いた特性公理

RDF スキーマの構成要素を用いた特性公理として下位特性公理，特性定義域公理および特性値域公理がある．

(i) 下位特性公理（rdfs:subPropertyOf）

RDF スキーマの構成要素である rdfs:subPropertyOf を用いて，二つの特性の間で一方が他方の下位特性になっていることを表す．特性 p1 が特性 p2 の下位特性であるとは，特性 p1 の外延が特性 p2 の外延の部分集合になっていることを言う．下位特性はオブジェクト特性，データ型特性ともに可能であるが，OWL DL においては同種の特性の間でしか成り立たない．

```
<owl:ObjectProperty rdf:ID="p1">
  <rdfs:subPropertyOf rdf:resource="#p2" />
</owl:ObjectProperty>
```

上の例は，オブジェクト特性 p1 が特性 p2 の下位特性であることを表している．OWL DL の場合，特性 p2 もまたオブジェクト特性でなければならない．

(ii) 特性定義域公理（rdfs:domain）

RDF スキーマの構成要素である rdfs:domain を用いて，特性とクラス記述の間の関係を表す．特性定義域公理は特性の主語がクラス記述で記述されたクラスの外延に属さねばならないことを表す．この公理は，その特性がどのクラスに対して用いられるかにかかわりなく適用されるため，大域的である．

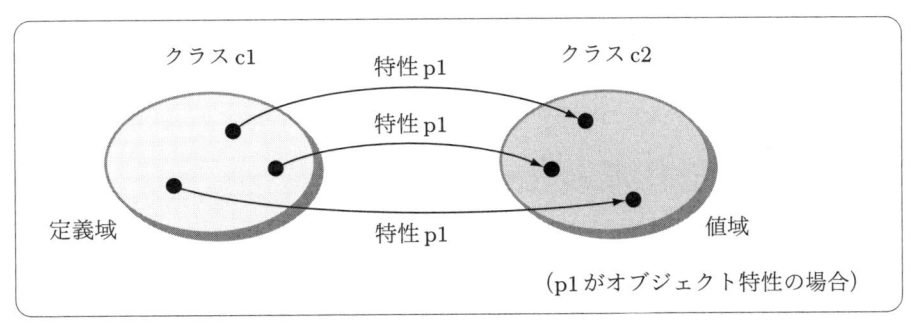

図 3-13 特性の定義域と値域

一つの特性に対して複数の特性定義域公理がある場合，それらは論理積となり，主語の個体は指定された複数のクラス記述の外延の積集合に属することになる．複数のクラス記述の和集合を指定したい場合は，一つの公理のクラス記述の中で owl:unionOf を用いる．

```
<owl:ObjectProperty rdf:ID="p1">
  <rdfs:domain>
    <owl:Class rdf:about="#c1" />
  </rdfs:domain>
</owl:ObjectProperty>
```

注意点としては，これらは制約ではなく公理とみなされるということである．この意味するところは，ある特性 p1 の定義域にクラス c1 が指定されており，かつクラス c2 のインスタンスである個体に特性 p1 を適用した場合，クラス c2 がクラス c1 の下位クラスであることが推論されるということである．このとき，もしクラス c1 と c2 が互いに素であれば推論系はエラーを報告するかもしれない．一般に，定義域や値域の明示的な指定は，注意深く行わなければならない．

(iii) 特性値域公理（rdfs:range）

RDF スキーマの構成要素である rdfs:range を用いて，特性とクラス記述の間の関係を表す．特性値域公理は特性の目的語がクラス記述で記述されたクラスの外延に属さねばならないことを表す以外は，特性定義域公理と同じである．

3.6.2 他の特性との関係による特性公理

他の特性との関係を用いた特性公理として，等価特性公理と逆特性公理がある．

(i) 等価特性公理（owl:equivalentProperty）

クラスの等価性と同様に，特性が等価であるとは，二つの特性が同じ外延をもつということである．この関係を owl:equivalentProperty を用いて表す．

(ii) 逆特性公理（owl:inverseOf）

二つの特性 p1 と p2 が逆特性であるとは，p1 の特性の外延のすべてのインスタンス (x, y) の対について，p2 の外延に (y, x) の対が存在し，逆もまた成り立つことである．

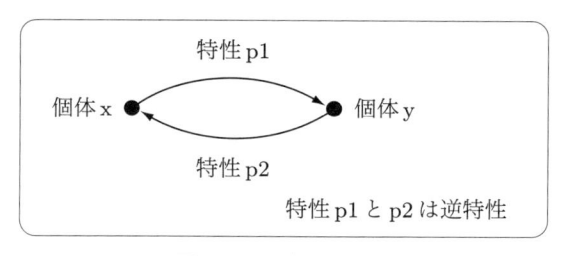

図 3-14　逆特性公理

```
<owl:ObjectProperty rdf:ID="p1">
  <owl:inverseOf rdf:resource="#p2" />
</owl:ObjectProperty>
```

上の例は，オブジェクト特性 p1 が特性 p2 の逆特性であることを表している．逆特性の定義から p2 は p1 の逆特性となる．このとき，p2 もまたオブジェクト特性でなければならない．

3.6.3 特性に関する大域的なメンバ数制約を用いた特性公理

特性に関する大域的なメンバ数制約を用いた特性公理として，関数的特性公理と逆関数的特性公理がある．これらはその特性がどのクラスに対して適用されるかにかかわりなく有効であるため，大域的である．

(i) 関数的特性公理（owl:FunctionalProperty）

関数的な特性とは，ある主語に対して目的語が唯一に定まるような特性である．この特性はオブジェクト特性であっても，データ型特性であってもよい．owl:FunctionalProperty を用いて表す．

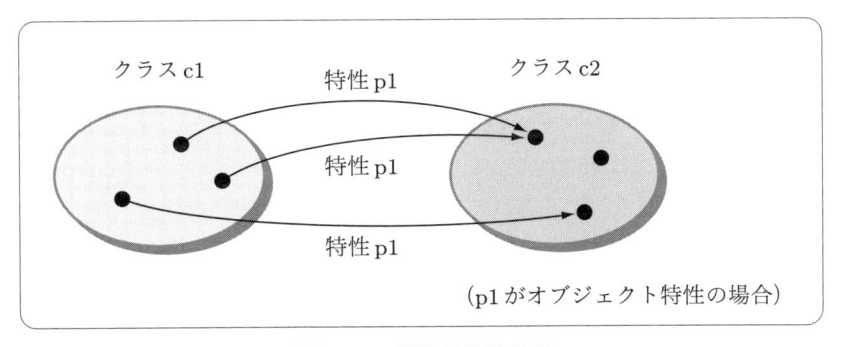

図 3-15　関数的特性公理

```
<owl:ObjectProperty rdf:ID="p1">
  <rdf:type rdf:resource="&owl;FunctionalProperty" />
  <rdfs:domain rdf:resource="#c1" />
  <rdfs:range rdf:resource="#c2" />
</owl:ObjectProperty>
```

上の例では，クラス c1 を定義域，クラス c2 を値域にもつような関数的な特性 p1 を定義している．関数的な特性はオブジェクト特性でも，データ型特性でもよいため，まず p1 をオブジェクト特性として定義した上で，その型（rdf:type）を owl:FunctionalProperty として定義している．

(ii) 逆関数的特性公理（owl:InverseFunctionalProperty）

逆関数的な特性とは，ある目的語に対して，主語が唯一に定まるような特性である．owl:InverseFunctionalProperty を用いて表す．この特性は必然的にオブジェクト特性である．

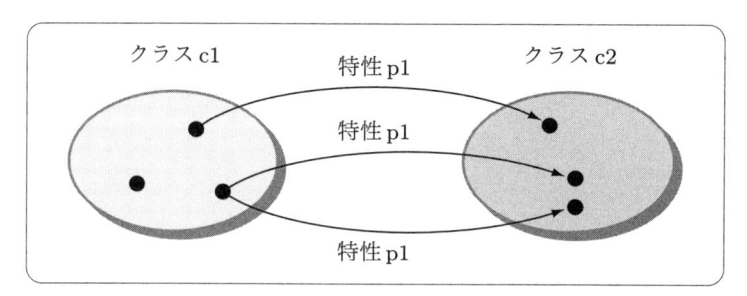

図 3-16　逆関数的特性公理

```
<owl:InverseFunctionalProperty rdf:ID="p1">
  <rdfs:domain rdf:resource="#c1"/>
  <rdfs:range rdf:resource="#c2"/>
</owl:InverseFunctionalProperty>
```

上の例では，クラス c1 を定義域，クラス c2 を値域にもつような逆関数的な特性 p1 を定義している．owl:InverseFunctionalProperty はオブジェクト特性であることが決まっているので，owl:FunctionalProperty の場合と異なり owl:ObjectProperty を用いた記述にしなくてもよい．

3.6.4　特性の論理的特徴を用いた特性公理

特性の論理的特徴を用いた特性公理として，推移的特性公理と対称的特性公理がある．

(i) 推移的特性公理（owl:TransitiveProperty）

推移的特性とは，(x, y) の対が特性 p1 のインスタンスであり，(y, z) の対も同じ特性 p1 のインスタンスならば，(x, z) の対もまた特性 p1 のインスタンスとなるような特性である．owl:TransitiveProperty を用いて表す．推移的特性はその性質上，オブジェクト特性でなければならない．

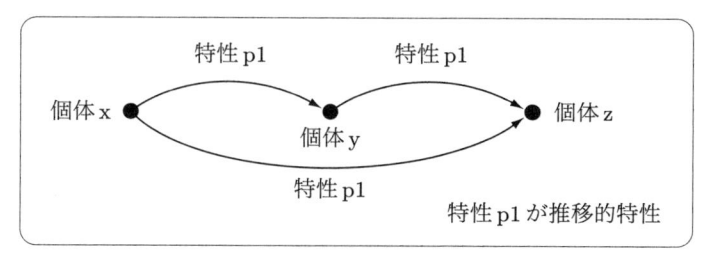

図 3-17　推移的特性公理

```
<owl:TransitiveProperty rdf:ID="p1">
  <rdfs:domain rdf:resource="#c1" />
  <rdfs:range  rdf:resource="#c1" />
</owl:TransitiveProperty>
```

推移の結果，一つの主語に対して複数の目的語が対応するようになるため，推移的な特性は関数的ではありえない．

(ii) 対称的特性公理（owl:SymmetricProperty）

対称的特性は，（x, y）の対が特性 p1 のインスタンスであれば，（y, x）の対も同じ特性 p1 のインスタンスとなるような特性である．owl:SymmetricProperty を用いて表す．対称的特性もまたオブジェクト特性でなければならない．

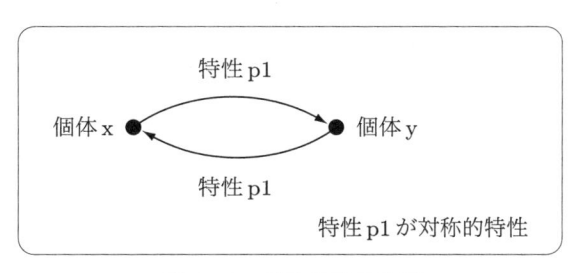

図 3-18 対称的特性公理

```
<owl:SymmetricProperty rdf:ID="p1">
  <rdfs:domain rdf:resource="#c1" />
  <rdfs:range  rdf:resource="#c1" />
</owl:SymmetricProperty>
```

対称的特性の定義域および値域は同じでなければならない．

3.7　個体

個体に関する公理は，一般に事実と呼ばれるもので，個体のクラスへの帰属関係や個体の特性値に関する事実と個体の自己同一性に関する事実がある．

3.7.1　クラスへの帰属関係と特性値に関する事実

個体があるクラスに属し，また特性値としてある値をもつことを以下のように表す．

```
<c1 rdf:ID="i1">
  <p1 rdf:resource="#i2" />
  <p2 rdf:datatype="&xsd;nonNegativeInteger">2</p2>
</c1>
```

上の例では，クラス c1 に属する名前付き個体 i1 を定義している．個体 i1 の特性値は，オブジェクト特性 p1 の値が個体 i2 で，データ型特性 p2 の値が非負整数 2 である．個体に名前を付けなければ，匿名の個体に関する公理になる．

3.7.2　個体の自己同一性に関する事実

OWL では一意名仮説を採用していないため，二つの個体が同じ，または異なることを明示的に示すための公理が存在する．

(i) 同一個体（owl:sameAs）

二つの個体について，それらが同一の個体であることを owl:sameAs を用いて表す．

```
<rdf:Description rdf:about="#i1">
  <owl:sameAs rdf:resource="#i2" />
</rdf:Description>
```

上の例では，個体 i1 に関する記述の中で，個体 i2 と同一であることが表されている．OWL Full では owl:sameAs をクラスどうしに適用して，二つのクラスの内包が等しいことを表すために使うこともできる．

(ii) 異なる個体（owl:differentFrom）

二つの個体が異なる個体であることを owl:differentFrom を用いて表す．

```
<c1 rdf:ID="i1">
  <owl:differentFrom rdf:resource="#i2" />
  <owl:differentFrom rdf:resource="#i3" />
</c1>
```

上の例のように owl:differentFrom を複数並べた場合は，主語の個体 i1 について，それが個体 i2 とも個体 i3 とも異なることを表す．この場合，i2 と i3 の間の関係についてはこの記述からは何も読み取ることはできない．

(iii) すべて互いに異なる個体（owl:AllDifferent）

上述のように owl:differentFrom は 2 者間の関係を記述することしかできないため，互いに異なる複数の個体を記述したい場合は，すべての組合せを記述する必要が生じ

> **クラスか，個体か**
>
> オントロジの設計において，ある概念をクラスとして表すか，個体として表すかは設計者の裁量によるところが大きいように見える．しかし，あるクラスを基準に考えた場合，ある概念をその下位クラスとするか，そのクラスに属するインスタンスの個体とするかは大きく異なってくる．前者が部分集合であるのに対し，後者は集合の要素である．OWL Full では，クラスと個体は互いに素である必要がないので，ある個体をクラスとしても扱うことができるが，OWL DL では，これらは厳密に区別されなければならない．

る．このため，個体のリストを示して，そこに含まれるすべての個体が互いに異なることを示すための省略記法として owl:AllDifferent が存在する．これは常に個体のリストを表す owl:distinctMembers とともに用いられる．

```
<owl:AllDifferent>
  <owl:distinctMembers rdf:parseType="Collection">
    <owl:Thing rdf:about="#i1" />
    <owl:Thing rdf:about="#i2" />
    <owl:Thing rdf:about="#i3" />
    <owl:Thing rdf:about="#i4" />
    <owl:Thing rdf:about="#i5" />
  </owl:distinctMembers>
</owl:AllDifferent>
```

上の例は，個体 i1, i2, i3, i4, i5 がすべて互いに異なる個体であることを表している．

3.8 オントロジヘッダ

オントロジ自体に関する情報を記述するために owl:Ontology 構成要素が用いられる．これは通常 OWL 文書の冒頭近くに配置されることが多い．オントロジヘッダの中では他のオントロジの取込み，版管理情報，その他の注記情報が記述される．これらは主にウェブ上での分散オントロジ管理のためのものである．

3.8.1 オントロジの取込み情報

owl:imports を使って，他の OWL オントロジを参照することができる．参照には URI を用いる．owl:imports で参照されたオントロジは，当該オントロジに取り込ま

れる．owl:imports を用いて他のオントロジを取り込んだオントロジ側では，典型的には取り込まれたオントロジに対応する名前空間を宣言して，その内容を参照する．

```
<owl:Ontology rdf:about="">
  <owl:imports
    rdf:resource="http://www.example.com/owl/sample2.owl" />
</owl:Ontology>
```

上の例では，http://www.example.com/owl/sample2.owl という URI をもつオントロジを取り込んでいる．

3.8.2　オントロジの版管理情報

オントロジの版管理情報を記述するための構成要素として，

- owl:versionInfo
- owl:priorVersion
- owl:backwardCompatibleWith
- owl:imcompatibleWith
- owl:DeprecatedClass
- owl:DeprecatedProperty

がある．

owl:versionInfo は，オントロジの版についての情報を提供するような文字列を記述する．典型的には owl:Ontology の中に書かれるが，任意の OWL 構成要素の中に書くことができる．

owl:priorVersion は，前の版のオントロジに対する URI 参照を記述する．owl:backwardCompatibleWith は，前の版のオントロジに対する URI 参照を記述し，さらに，それと下位互換性があることを示す．逆に，owl:incompatibleWith は，後の版のオントロジに対する URI 参照を記述し，それとの下位互換性がないことを示す．これらの構成要素は owl:Ontology の中に書かれる．

owl:DeprecatedClass と owl:DeprecatedProperty は非推奨のクラスおよび特性を指定するためのものである．これは，下位互換性のために当面は残しておくが，将来的にはその機能を段階的に廃止する可能性があることを示している．

3.8.3 注記

前項で述べた owl:versionInfo は注記特性と呼ばれるもので，クラス，特性，個体およびオントロジヘッダに関して，注記を付与する際に使用することができる．これ以外の注記特性として，rdfs:label, rdfs:comment, rdfs:seeAlso, rdfs:isDefinedBy があり，owl:versionInfo と同様の使い方ができる．なお，OWL DL では注記特性の使い方に関して，一定の制限がある．詳しくは付録 CD-ROM を参照されたい．

第4章

OWLウェブオントロジ言語の記述例

本章では，具体例を用いて，オントロジエディタ Protégé を使用した OWL 文書の作成方法と，そうして作成された OWL 文書に関する解説を行う．

4.1　オントロジエディタ

OWL をテキストファイルとして作成する際には，特別なソフトウェアは必要ない．RDF/XML 構文を採用するならば，汎用の XML エディタや RDF 編集ツールを用いることもできる．ただし，この場合は，利用者が OWL について一定の知識を有していることが前提となる．一方で，利用者が OWL の文法や記述の詳細を意識することなく，主としてメニューからの選択方式で OWL 文書を作成可能なエディタも存在する．

Protégé はスタンフォード大学 SMI（Stanford Medical Informatics）で開発されているオントロジエディタである．豊富なプラグインによってさまざまな機能拡張が可能な設計となっており，OWL プラグインを使用することによって，OWL 文書の作成も可能となっている．この場合は専用エディタとして動作するので，OWL 記述そのものを意識することなく，メニューからの選択によりオントロジを作成していくことができる．また，別途作成した OWL ファイルを読み込むこともできる．

Protégé は Java ベースで開発されており，Windows 版，Mac OS X 版，AIX 版，Solaris 版，Linux 版，HP-UX 版，その他の Unix 版が公開されている．これらは Mozilla Public License のもとに公開されているオープンソースのソフトウェアである．2005 年 2 月に Release 3.0 が公開されており，http://protege.stanford.edu/ より入手可能である[1]．以下の説明では Release 3.0 を用いているが，現在も引き続きバグ

---

[1] ソースコードの入手も可能であるが，通常はインストーラをダウンロードして実行する．例えば，Windows 版の場合はダウンロードした EXE 形式を実行するとインストーラが起動するので，後は指示に従ってインストール作業を行えばよい．

フィックスや改良が活発に行われており，同サイトから β 版やより新しい安定版が入手可能なことがある[2]．

Protégé での OWL 文書の作成にあたっては OWL プラグイン（http://protege.stanford.edu/plugins/owl/index.html）が必要となる．また，可視化のための OWLViz プラグイン（http://www.co-ode.org/downloads/owlviz/）が CO-ODE（Collaborative Open Ontology Development Environment）プロジェクトで作成されている．公開されている Protégé full バージョンには，これらの OWL 作成に必要なプラグインがあらかじめ含まれている．ただし，full バージョンに含まれているプラグインは必ずしも最新のものではない．そこで basic バージョンを入手した後に，別途必要なプラグインを入手してインストールすることも可能である．

なお，OWLViz プラグインはグラフ描画のために，AT&T で開発された Graphviz（http://www.graphviz.org/）を用いているため，使用するプラットフォームに応じたバージョンを入手してインストールする必要がある．Graphviz は現在，Common Public License のもとに配布されている．

さらに，OWL プラグインは，DIG（Description logic Implementers Group）互換の推論機構と連携して，オントロジの一貫性のチェックや，クラス間の関係の推論をさせることができる．以下の説明の中では，推論エンジンとして RacerPro（http://www.racer-systems.com/）を用いている．RacerPro はオープンソースではなく，使用に際しては教育ライセンスないし商用ライセンスを取得しなければならないが，評価版が入手可能である．

4.2　Protégé による OWL 文書の作成

新規に OWL 文書を作成する場合は，Protégé を起動後に表示されるダイアログボックスで，［Project Format］から［OWL Files］を選び（図 4-1 ①），［New］をクリックする（②）．すると，新規のエディタ画面（図 4-2）が表示される．デフォルトでは，OWL Classes（クラス編集用），Properties（特性編集用），Forms，Individuals（個体編集用），Metadata（メタデータ編集用）の五つのタブが表示されている[3]．

---

[2] その後，2005 年 7 月に Release 3.1 が公開されている．起動時のダイアログボックスやボタンアイコンのデザインなどが若干変更されているが，基本的な操作方法は 3.0 と同様である．

[3] 以下の説明では，Windows XP 上での動作例を用いているが，他の環境でも操作方法について大差はない．

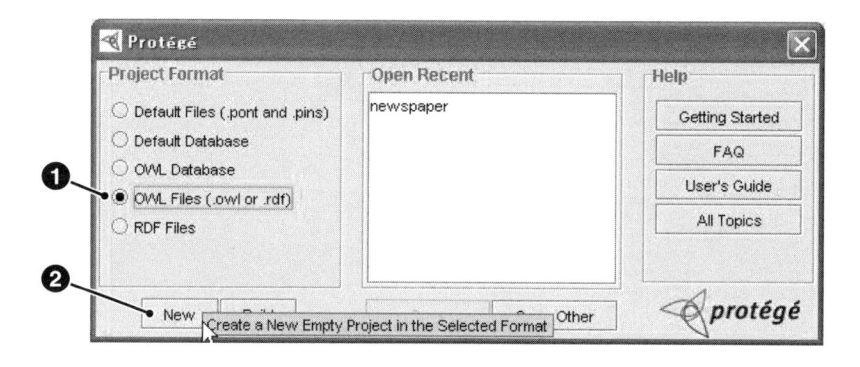

第4章 OWL ウェブオントロジ言語の記述例

図 4-1 起動時に表示されるダイアログボックス

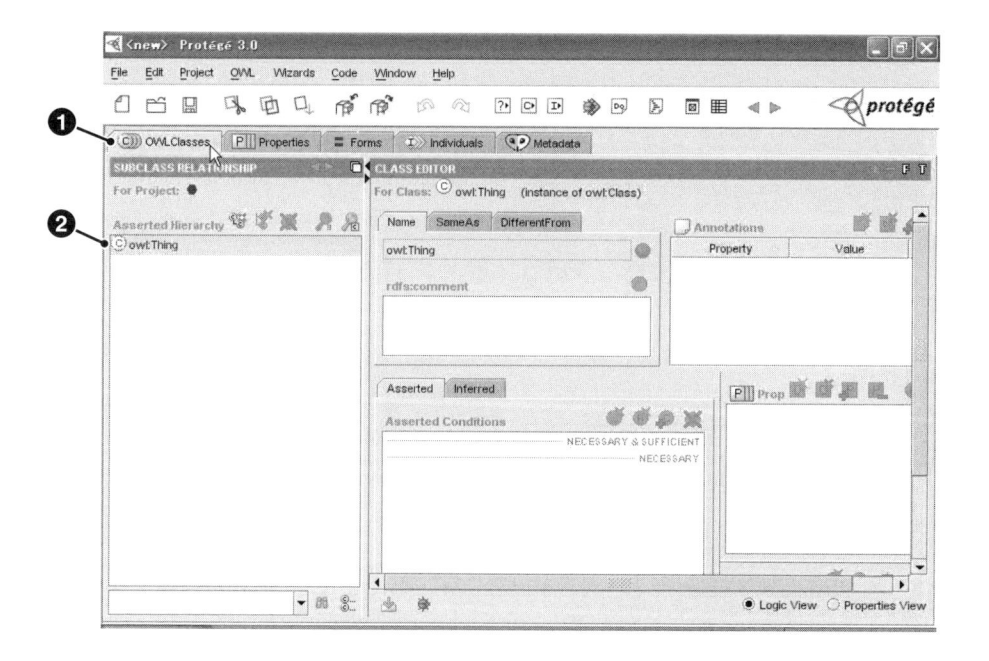

図 4-2 エディタ初期画面

4.3　クラスの作成

［OWL Classes］タブが選択されている状態で（図 4-2 ①），左側の［SUBCLASS RELATIONSHIP］ペインの中の［Asserted Hierarchy］に owl:Thing が表示されていることを確認する（②）．OWL ではすべてのクラスは owl:Thing の下位クラスとなるため，この下に新たなクラスを作成していくことになる．

以下では，説明例題として，カクテルのレシピを作成していくことにする．作成するオントロジ自体に実用性はほとんどなく，その内容についても推論機構を用いるまでもない自明なものであるが，操作方法と作成される OWL 記述との対応を説明するための簡単な例である．

はじめに，［SUBCLASS RELATIONSHIP］ペインの［Asserted Hierarchy］の中の owl:Thing をクリックする（図 4-3 ①）．次に［Asserted Hierarchy］の右側に並んでいるボタンの中から，左端の［Create subclass］ボタン をクリックする（②）．すると，owl:Thing の下位クラスが一つできる．この段階では Protégé が自動的に付けたクラス名が使われているので，次にこの名前を変更する．このためには右側の［CLASS EDITOR］ペインで［Name］タブが選択されていることを確認した上で（③），一番

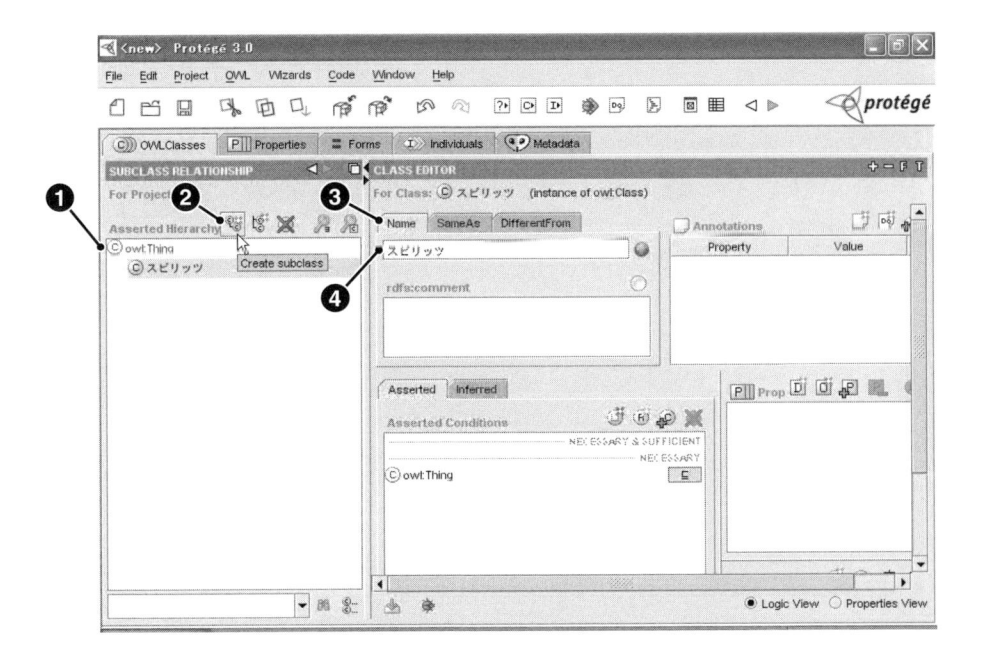

図 4-3　一つめのクラスの作成

上の欄に表示されているクラス名を「スピリッツ」に書き換える（④）．

次に，［Asserted Hierarchy］で，スピリッツが選択されている状態で（図 4-4 ①），左端の［Create subclass］ボタン をクリックすると（②），スピリッツの下位クラスができる．このクラスの名前を「ジン」に書き換える（③）．このように，あるクラスが選択されている状態で［Create subclass］ボタン をクリックすると，そのクラスの下位クラスが生成される．

あるクラスと共通の親をもつクラス（兄弟のクラス）を作成したい場合は，［Create Sibling class］ボタン を使う．［Asserted Hierarchy］で，ジンが選択されている状態で，左から二つめの［Create Siblingclass］ボタン をクリックすると（④），スピリッツの下位クラス（ジンの兄弟のクラス）が一つ追加される．このクラスの名前を「ウォッカ」に書き換える（⑤）．

さらに，ジンでもあり同時にウォッカでもあるようなスピリッツは存在しないため，これらを互いに素であると宣言する．このためには，「ウォッカ」が選択されている状態で，［CLASS EDITOR］ペインの右下の［Disjoints Class Widgets］の左から 3 番目の［Add all siblings to disjoints］ボタン をクリックする．するとダイアログボックスが表示されるので，［Mutually between all siblings］がマークされていること

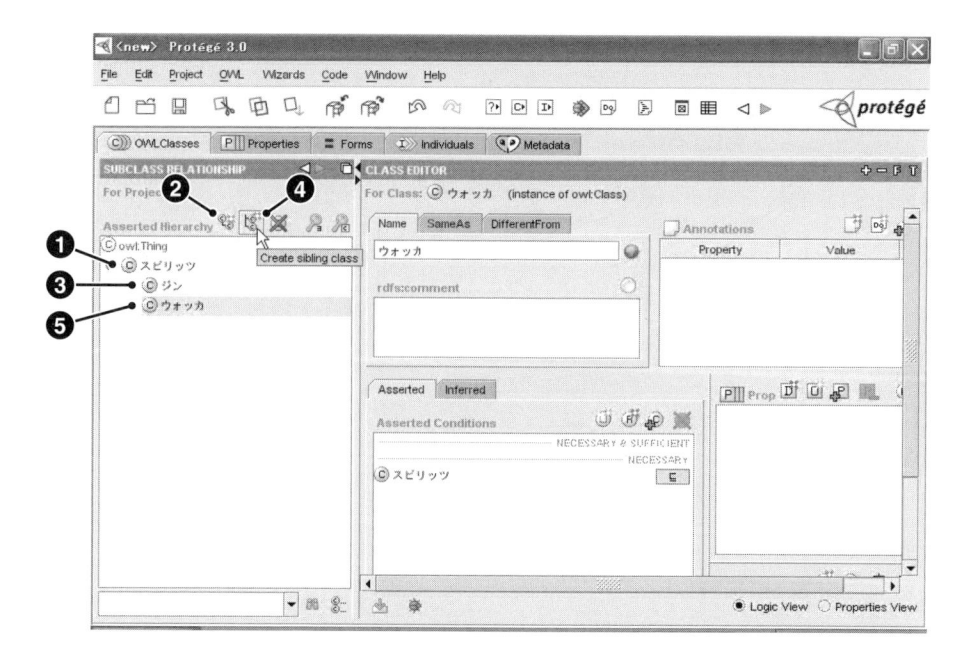

図 4-4 兄弟のクラスの作成

を確認して（図 4-5 ①）［OK］をクリックする（②）．すると，ウォッカの［Disjoints］欄にジンが，逆にジンの［Disjoints］欄にウォッカが表示される（図 4-6）．

ここまで作成した結果をいったんファイルに保存して見てみる[4]．それには，一番上に並んでいるメニューの中から［File］をクリックして（図 4-7 ①）［Save Project］を

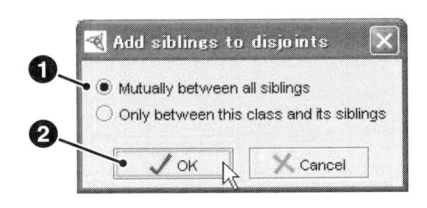

図 4-5　兄弟間に互いに素の関係を設定するダイアログボックス

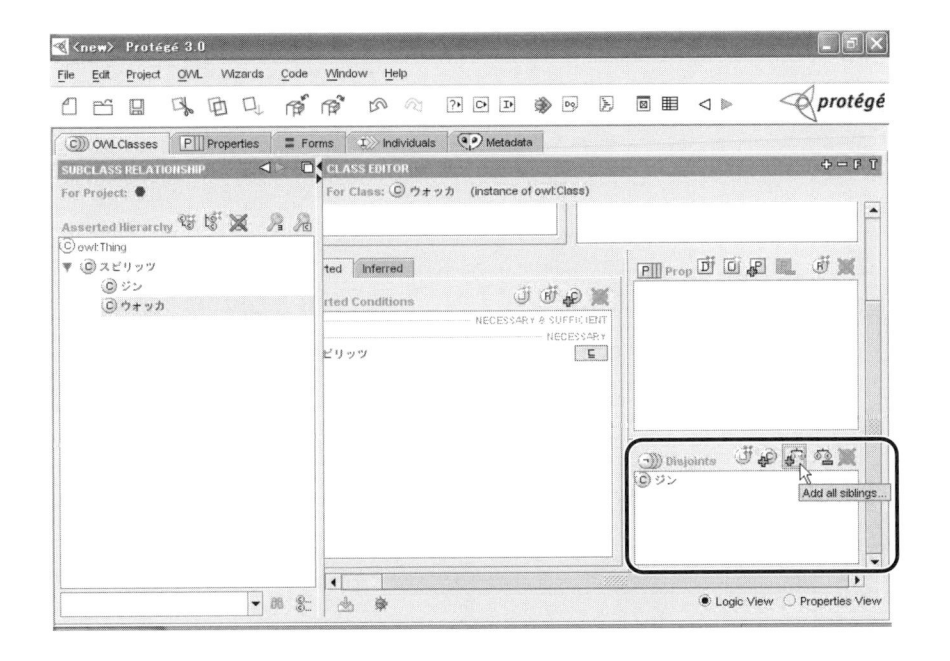

図 4-6　互いに素であるクラスの設定

---

[4] 作成した OWL のソースコードは，Protégé の中で［Show Source Code］ボタンで表示することができるが，この場合は，表示フォントの設定の関係で，日本語の文字が正しく表示されないことがある．また，使用している Java 実行環境で日本語フォントが適切に設定されていない場合などは，これまでに説明した Protégé の画面でも日本語文字が正しく表示されなかったり，後で述べる OWLViz を用いた表示がおかしくなるといった不具合があるかもしれない．本章では説明のためにクラス名や特性名にあえて日本語を使っているが，一般的にはこれらはすべて英字で表記し，日本語表記は注記として，`rdfs:label` などを用いて表すといった工夫が必要になるかもしれない．

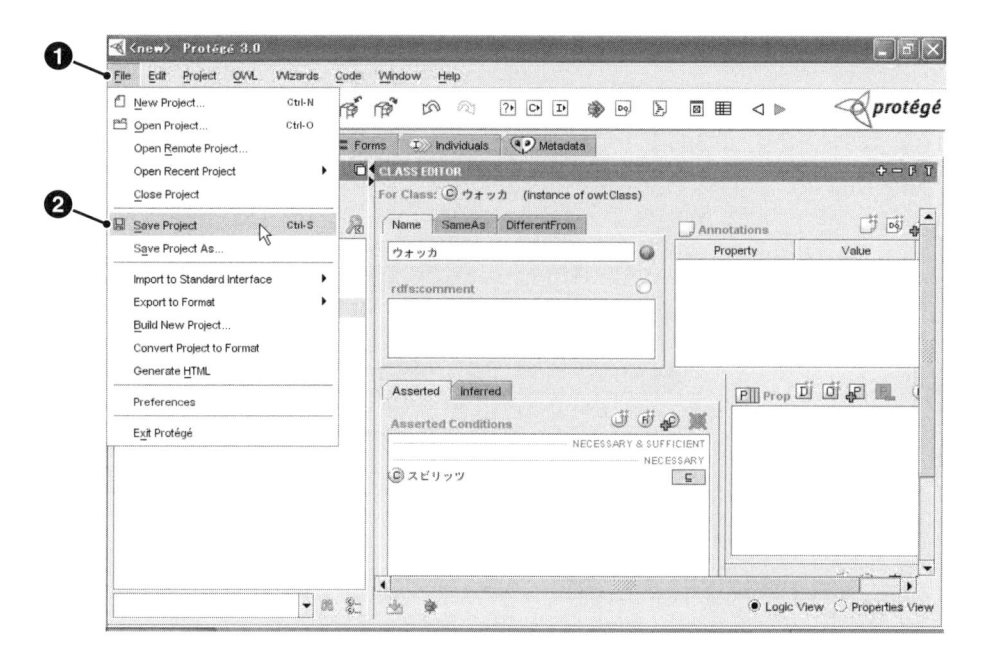

64　第4章　OWL ウェブオントロジ言語の記述例

図 4-7　プロジェクトの保存

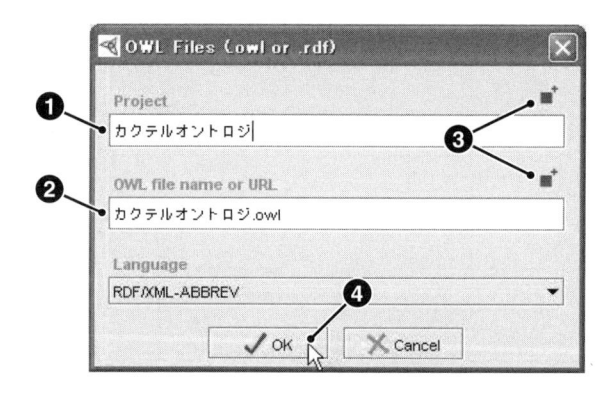

図 4-8　保存先の指定

選択するか（②），あるいはメニューの下に並んでいるボタンの中から［Save Project］ボタン 🖫 をクリックして，表示されるダイアログボックスでプロジェクト名を入力する（図 4-8 ①）．OWL ファイル名にはプロジェクト名と同じものが入るので，必要に応じて書き換える（②）．また，保存先はデフォルトでは Protégé を起動したインストール先フォルダになっているので，これも必要に応じて書き換える（③）．この後，

［OK］をクリックすると（④），プロジェクトファイル（拡張子が".pprj"）とOWLファイル（拡張子が".owl"）が保存される．OWLファイルのエンコーディングはデフォルトではUTF-8になっている．

作成されたOWLファイルを見てみると，rdfs:subClassOf（3.5.6項（i）を参照）を使って下位クラスの関係が，またowl:disjointWith（3.5.6項（iv）を参照）を使って互いに素の関係がそれぞれ表現されていることがわかる．また，このオントロジの名前空間としては，Protégéがデフォルトとしている "http://www.owl-ontologies.com/unnamed.owl#" が用いられている[5]．なお，この名前空間は［Metadata］タブから書き換えることができる．

```
<?xml version="10"?>
<rdf:RDF
    xmlns:rdf="http://www.w3.org/1999/02/22-rdf-syntax-ns#"
    xmlns:rdfs="http://www.w3.org/2000/01/rdf-schema#"
    xmlns:owl="http://www.w3.org/2002/07/owl#"
    xmlns="http://www.owl-ontologies.com/unnamed.owl#"
  xml:base="http://www.owl-ontologies.com/unnamed.owl">
  <owl:Ontology rdf:about=""/>
  <owl:Class rdf:ID="ウォッカ">
    <owl:disjointWith>
      <owl:Class rdf:ID="ジン"/>
    </owl:disjointWith>
    <rdfs:subClassOf>
      <owl:Class rdf:ID="スピリッツ"/>
    </rdfs:subClassOf>
  </owl:Class>
  <owl:Class rdf:about="#ジン">
    <owl:disjointWith rdf:resource="#ウォッカ"/>
    <rdfs:subClassOf rdf:resource="#スピリッツ"/>
  </owl:Class>
</rdf:RDF>
```

次に，ここまでに作成したものが，OWLの三つの下位言語のうち，どれに相当しているかを確認してみる．このためには，一番上に並んでいるメニューの中から［OWL］をクリックし（図4-9 ①），［Determine/Convert OWL Sublanguage］を選ぶ（②）．すると，しばらくして下位言語の種類を表すウィンドウが表示される（図4-10）．単にクラスを三つ作っただけにもかかわらず，OWL DLになっているが，

---

[5] URLとしてみた場合，http://www.owl-ontologies.com は http://protege.stanford.edu/plugins/owl/owl-library/ の別名として登録されている．

これは排他クラス公理（owl:disjointWith）を使ったためである．owl:disjointWith は OWL Lite では使用できなかったことを思い起こされたい．

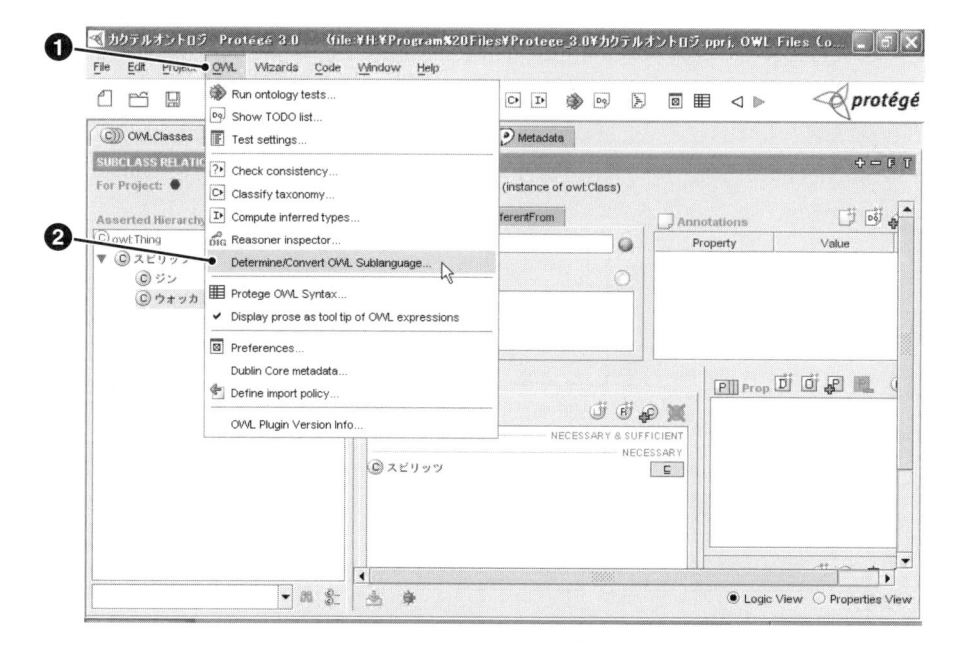

図 4-9　下位言語の表示

図 4-10　下位言語の表示結果

4.4 クラス階層の表示

作成したクラス階層は［SUBCLASS RELATIONSHIP］ペインの［Asserted Hierarchy］にインデント形式で表示されているが，これを OWLViz プラグインを使ってグラフィカルに表示させてみる．デフォルトでは，［OWLViz］タブは表示されていないため，［Project］メニューから（図 4-11 ①）［Configure］を選択して（②），表示されるダイアログボックスで［Tab Widgets］（図 4-12 ①）の中の［OWLVizTab］にチェックを入れる（②）．その後，［OK］をクリックすると（③），［OWLViz］タブが現れるので，このタブをクリックする（図 4-13 ①）．次に，［Asserted Model］タブが選択されていることを確認した上で（②），［OWLViz］タブで左から四つめの［Show all classes］ボタン をクリックすると（③），作成したクラス階層が右側にグラフ化されて表示される（④）．例では，owl:Thing をルートとする木構造が表示されている．

この画像をファイルに保存するためには，［OWLViz］タブで右から二つめの［Export To Image］ボタン をクリックする（⑤）．すると［Export Image］ダイアログボックスが表示されるので，［Asserted hierarchy］が選択されていることを確認して（図 4-14 ①），［Next］をクリックする（②）．次の画面で保存する画像のフォーマットを選

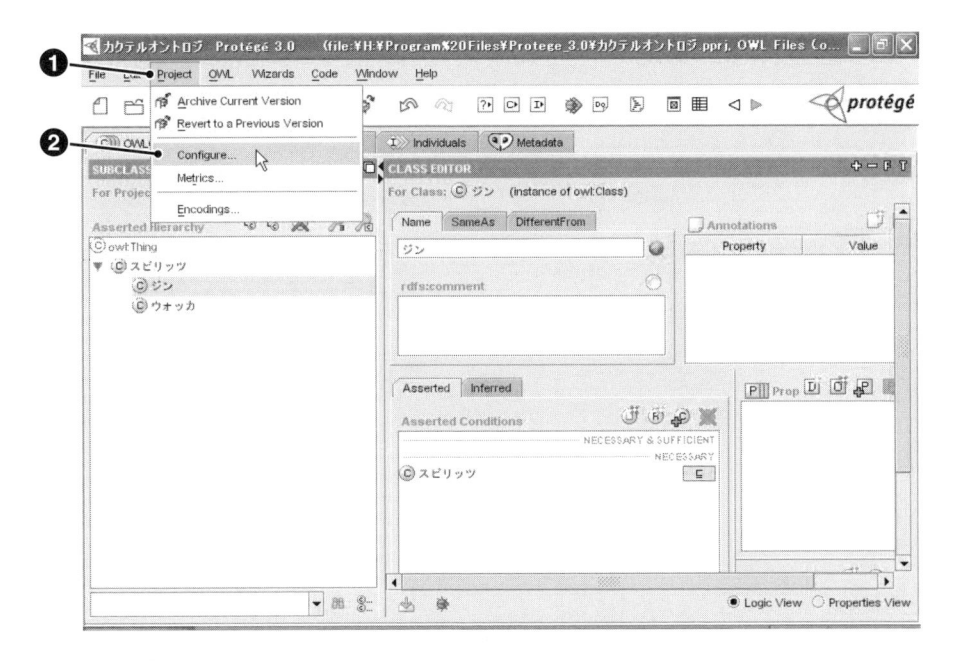

図 4-11 プロジェクトの設定

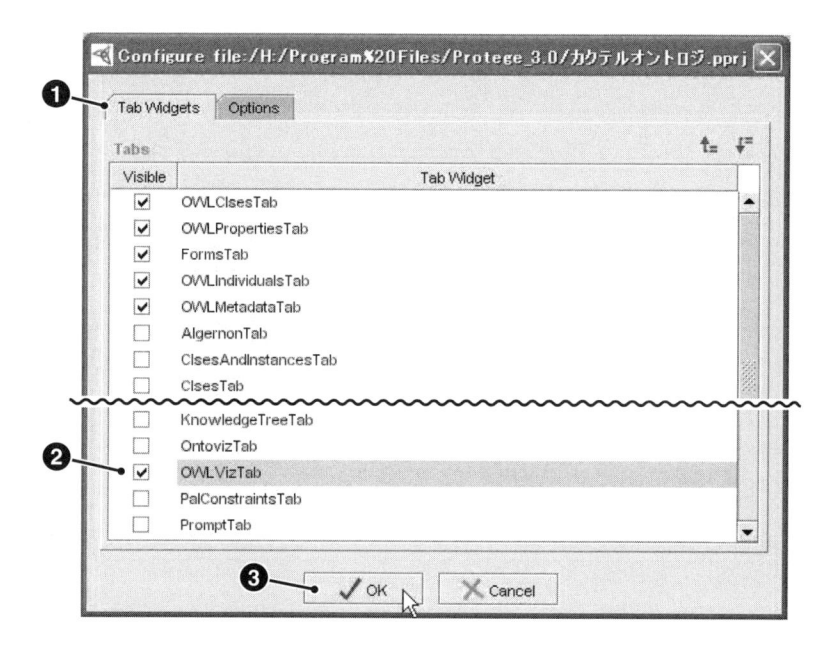

図 4-12　OWLViz タブ表示の選択

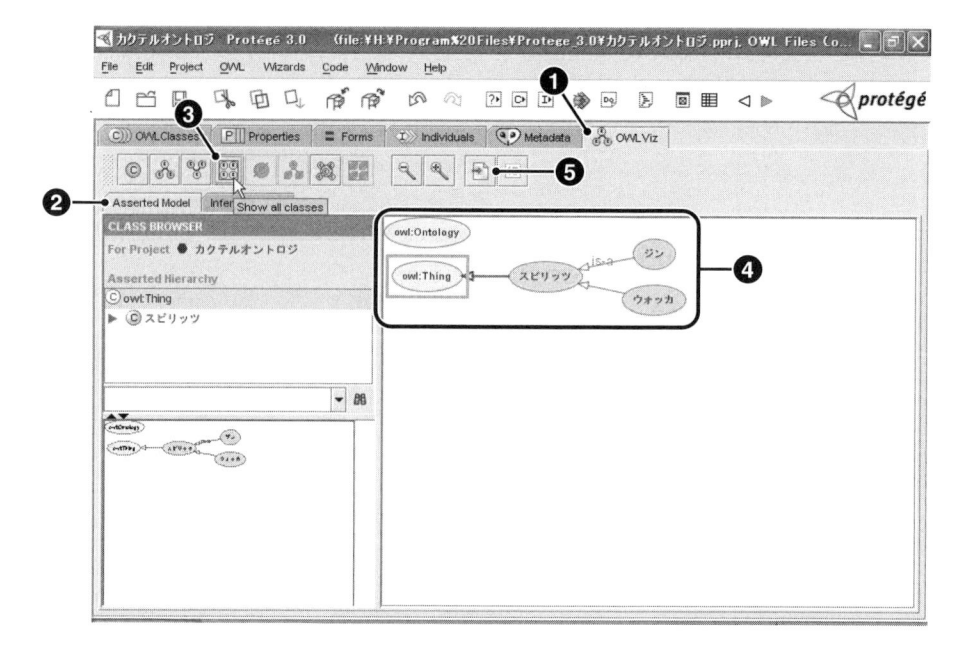

図 4-13　OWLViz による表示

ぶ（図 4-15 ①）．PNG，JPEG，SVG，DOT 形式が選択可能である．［Next］をクリックして（②），ファイル名（拡張子は自動で付与されないので，必要に応じて入力する）を入力し（図 4-16 ①），［Finish］をクリックすると（②），指定したフォーマットでファイルが保存される（図 4-17）．

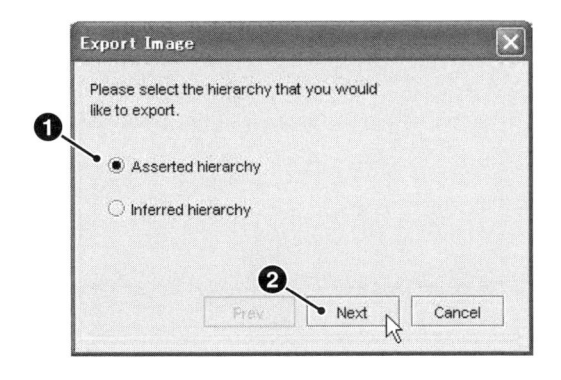

図 4-14　保存する画像の選択

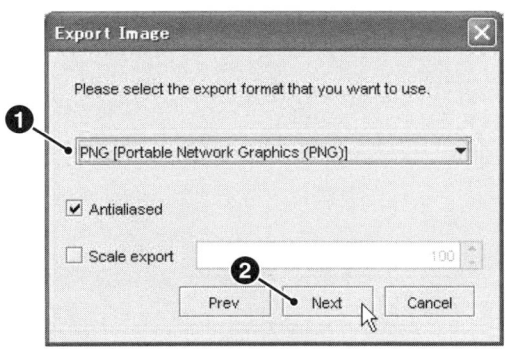

図 4-15　保存する画像フォーマットの指定

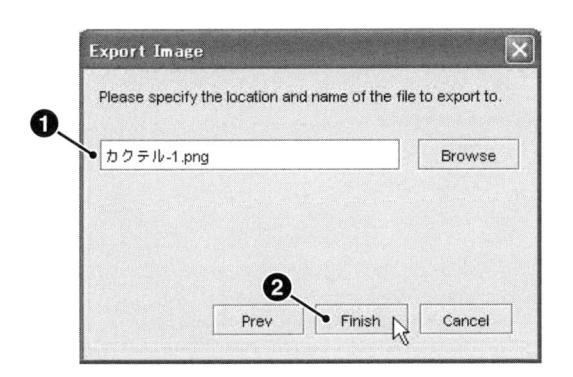

図 4-16　保存するファイル名の指定

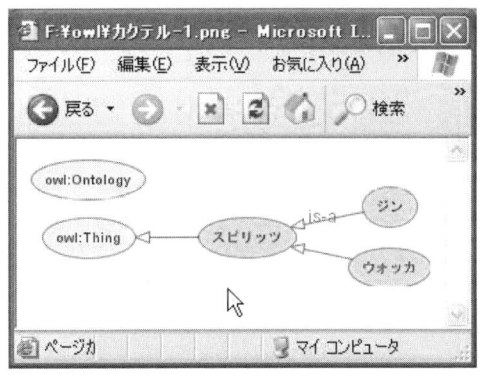

図 4-17　保存された画像の表示（Internet Explorer）

4.5 特性の作成

次に，特性を作成する．そのためには，まず [Properties] タブをクリックして (図4-18 ①)，左側に表示される [PROPERTY BROWSER] ペインで，左から2番目の [Create object property] ボタン をクリックすると (②)，オブジェクト特性が一つ生成される．右側の [PROPERTY EDITOR] ペインでこの名前を「材料」に変更する (③)．

次にいま作成した特性の下位特性を作成する．[PROPERTY BROWSER] ペインで材料が選択されている状態で (図4-19 ①)，左から3番目の [Create subproperty] ボタン をクリックすると (②)，材料の下位特性が一つ生成される．右側の [PROPERTY EDITOR] ペインでこの名前を「主材料」に変更する (③)．同じ操作を繰り返し，「副材料」という下位特性も作成する (④)．

これらは OWL ソースコードでは三つの owl:ObjectProperty と二つの rdfs:subPropertyOf (3.6.1 項 (i) を参照) で表現されている．

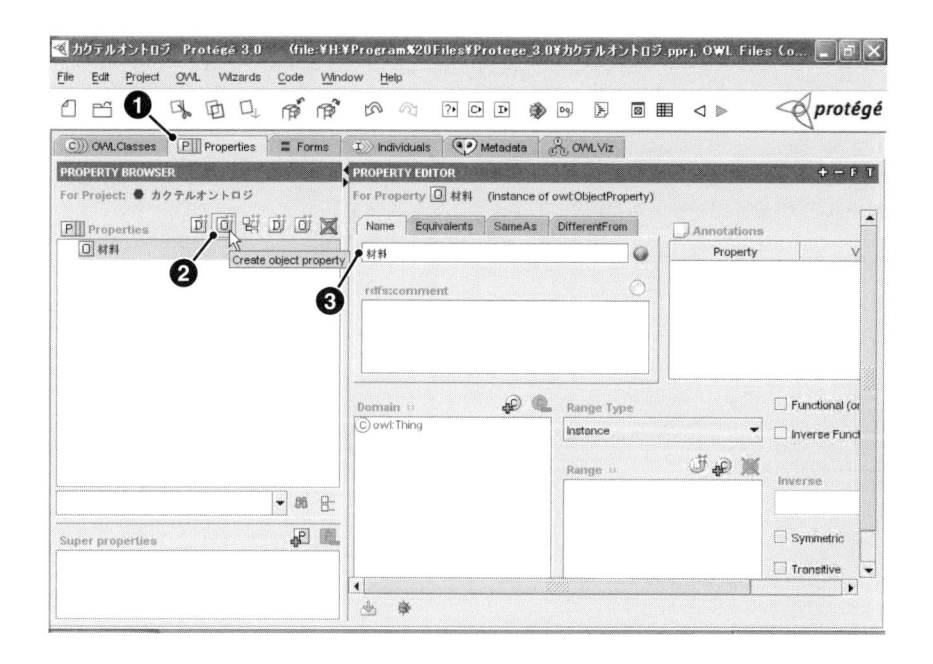

図 4-18 オブジェクト特性の作成

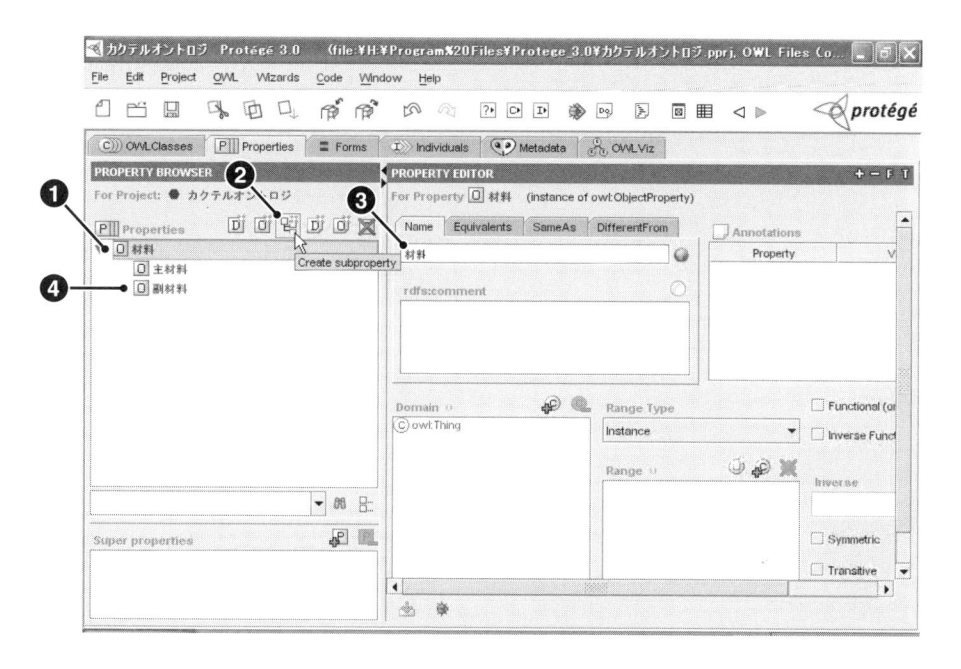

図 4-19　下位特性の作成

```
<owl:ObjectProperty rdf:ID="主材料">
  <rdfs:subPropertyOf>
    <owl:ObjectProperty rdf:ID="材料"/>
  </rdfs:subPropertyOf>
</owl:ObjectProperty>
<owl:ObjectProperty rdf:ID="副材料">
  <rdfs:subPropertyOf rdf:resource="#材料"/>
</owl:ObjectProperty>
```

4.6　クラス公理の作成

　次に特性の制約を使って，カクテルを定義していく．そのためには，副材料として用いられるクラスをまだ作成していないので，先にそれらを準備する．
　まず，[OWL Classes] タブに戻り（図 4-20 ①），スピリッツの兄弟のクラスとして「ジュース」と「リキュール」を作る．さらに，ジュースの下位クラスとして，「レモンジュース」，「ライムジュース」，「グレープフルーツジュース」，「オレンジジュース」を，リキュールの下位クラスとして，「ホワイトキュラソー」，「スイートベルモッ

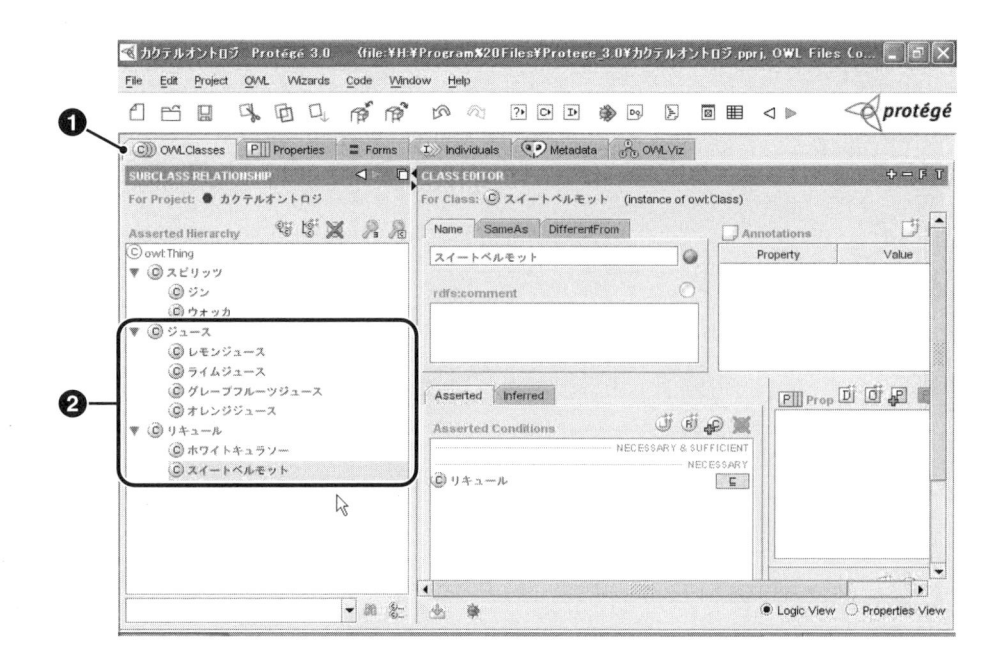

図 4-20 副材料用のクラスの追加

ト」をそれぞれ作成する（②）．以上をカクテルの材料として用いることにする．

　次に，「カクテル」というクラスをやはりスピリッツの兄弟のクラスとして作成し，カクテルの下位クラスとして「スクリュードライバー」を作成する．スクリュードライバーはウォッカとオレンジジュースからできるカクテルなので，特性の制約を用いてこれを表現する．そのためにはまずスクリュードライバーが選択されている状態で，［CLASS EDITOR］の左下の［Conditions Widget］で［Asserted］タブが選択されていることを確認する．［Asserted Conditions］の中にはすでに「カクテル」という制約が入っている．これはスクリュードライバーがカクテルの下位クラスであることに対応している．次に，左から二つめの［Create restriction］ボタン をクリックする．すると［Create Restriction］ダイアログボックスがポップアップするので，その中で制約を記述していく．まず，［Restricted Property］の中から主材料を選ぶ（図 4-21 ①）．次に［Restriction］の中から，「∃ someValuesFrom」を選ぶ（②）．その後，［Filler］欄にウォッカと直接入力するか，またはその下の編集ボタンの中から［Insert class］ボタン をクリックして，表示される［Select Class］ダイアログボックスでウォッカを選択する（③）．最後に［Create Restriction］ダイアログボックスで［OK］をクリックすると（④），［Asserted Conditions］に「∃ 主材料 ウォッカ」

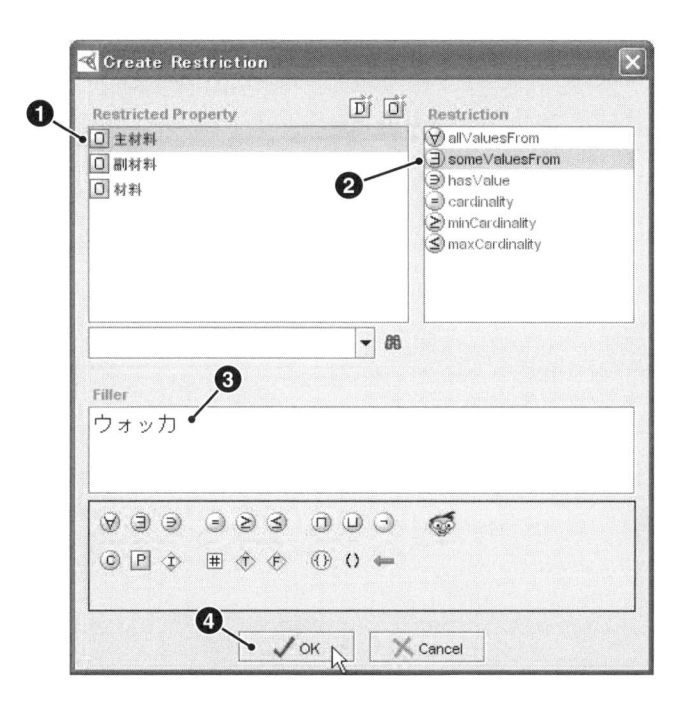

図 4-21　特性の制約の作成

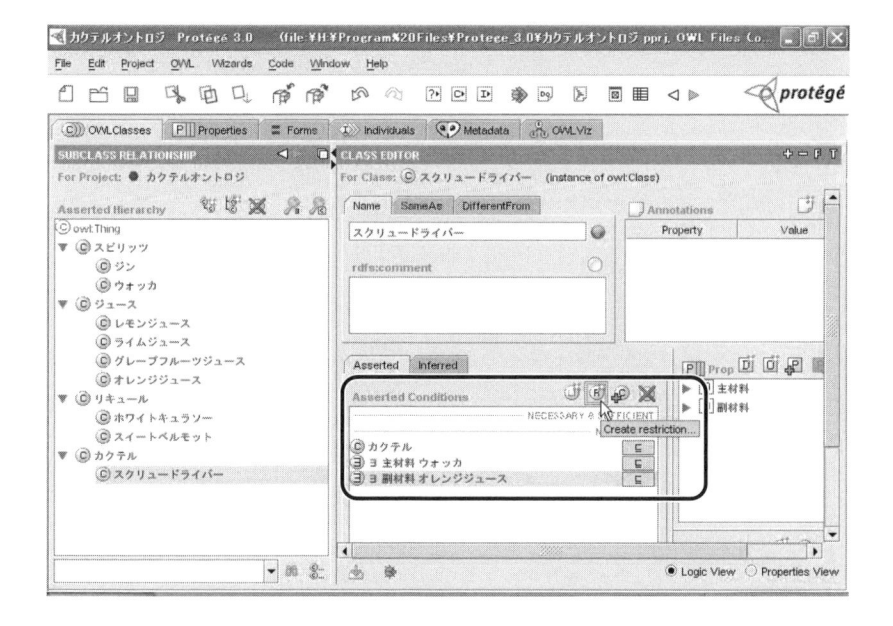

図 4-22　特性の制約の追加

という表現が追加される．同様の手順を繰り返し，「∃ 副材料 オレンジジュース」を追加する（図 4-22）．

OWL ソースコード中でスクリュードライバーに関する記述を見てみると，三つの rdfs:subClassOf で表現されている．一つはカクテルの下位クラスであることを表している．残る二つはともに owl:Restriction と owl:someValuesFrom（3.5.3 項 (ii) を参照）を用いている．このうち一つは主材料というオブジェクト特性の値にウォッカのインスタンスが存在するようなクラスの下位クラスであることを表している．もう一つは副材料というオブジェクト特性の値にオレンジジュースのインスタンスが存在するようなクラスの下位クラスであることを表している．

```
<owl:Class rdf:ID="スクリュードライバー">
  <rdfs:subClassOf>
    <owl:Class rdf:ID="カクテル"/>
  </rdfs:subClassOf>
  <rdfs:subClassOf>
    <owl:Restriction>
      <owl:someValuesFrom rdf:resource="#オレンジジュース"/>
      <owl:onProperty>
        <owl:ObjectProperty rdf:ID="副材料"/>
      </owl:onProperty>
    </owl:Restriction>
  </rdfs:subClassOf>
  <rdfs:subClassOf>
    <owl:Restriction>
      <owl:someValuesFrom rdf:resource="#ウォッカ"/>
      <owl:onProperty>
        <owl:ObjectProperty rdf:ID="主材料"/>
      </owl:onProperty>
    </owl:Restriction>
  </rdfs:subClassOf>
</owl:Class>
```

以下，同様にして，カクテルの下位クラスとして，「バラライカ」，「ギムレット」，「ジンアンドイット」，「フロリダ」を作成する．それぞれの主材料，副材料は表 4-1 のとおりである．

ここまで作成した段階で［OWL Classes］タブの表示は図 4-23 のようになる．

4.6 クラス公理の作成

表 4-1 カクテルの下位クラスの主材料と副材料

クラス	主材料	副材料
バラライカ	ウォッカ	ホワイトキュラソー レモンジュース
ギムレット	ジン	ライムジュース
ジンアンドイット	ジン	スイートベルモット
フロリダ	オレンジジュース	レモンジュース

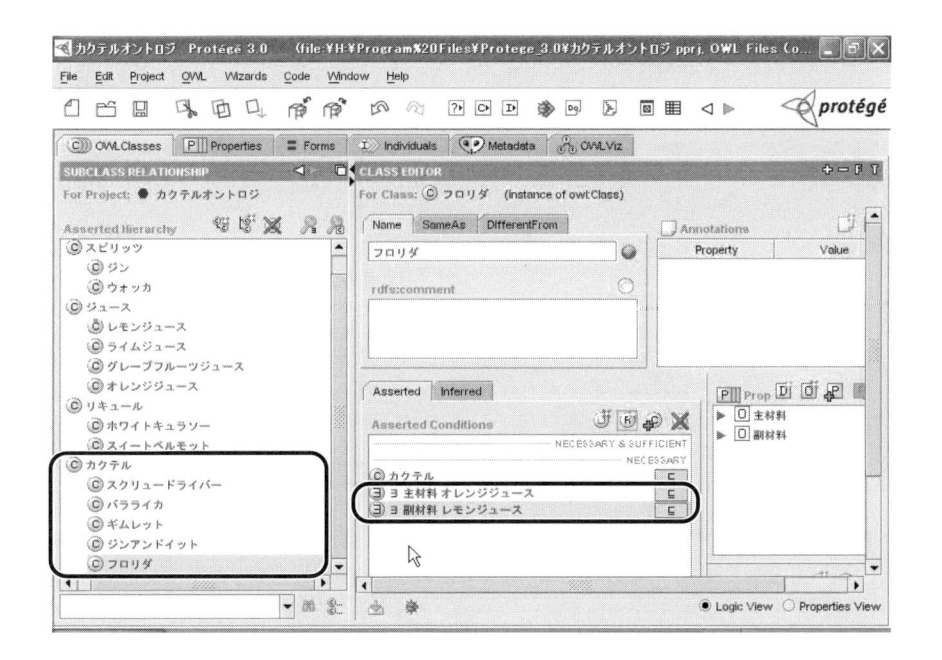

図 4-23 カクテルの追加

4.7 推論機構の利用

次に推論機構の利用方法について述べる．上部の［OWL］メニューの中に Check consistency と Classify taxonomy というメニューがあるが，これを動作させるには外部の推論機構を用いる必要がある．

この例として，ウォッカを使ったカクテルを推論機構を用いて自動的に判別させることを考える．このために，まずカクテルの下位クラスに「ウォッカベースカクテル」を作成する．ウォッカベースカクテルとは，主材料としてウォッカを含むようなカクテルである．これを，カクテルの下位クラスで，「∃ 主材料 ウォッカ」という制約を使って表現してみる（図 4-24）．

次に，推論エンジンを起動する．ここでは RacerPro を用いる．通常は Protégé を動かしているのと同じパソコンに RacerPro をインストールした後，起動すればよい（図 4-25）．Protégé は localhost（127.0.0.1）の 8080 ポート[6]を使って，HTTP により RacerPro と通信を行う．

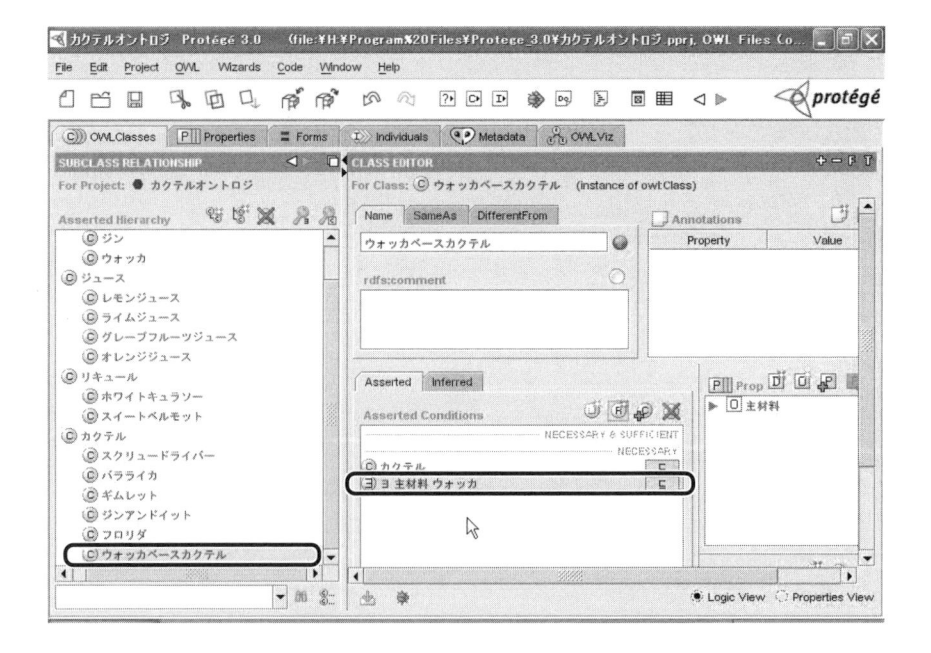

図 4-24　ウォッカベースカクテルの追加

---

[6] このポート番号は，Protégé および RacerPro の双方の設定により変更可能である．

図 4-25　RacerPro の起動

　RacerPro を起動した後で，Protégé の上部の［OWL］メニューから（図 4-26 ①）［Classify taxonomy］を選択するか(②)，メニュー下に並んでいるボタンの中から中央付近にある［Classify taxonomy］ボタン ▣ をクリックする．すると，［Connected to Racer］ウィンドウが開いてログが表示される（図 4-27）．このウィンドウは［OK］をクリックして閉じればよい．Protégé のウィンドウに［SUBCLASS RELATIONSHIP］ペインがもう一つ現れて，その中に［Inferred Hierarchy］が表示される（図 4-28）．ところが，その内容は［Asserted Hierarchy］と変わらず，ウォッカを主材料としてもつカクテルがウォッカベースカクテルに自動的に分類されてはいない．

　これは，先にエディタ上で「∃ 主材料 ウォッカ」という特性の制約を記述した位置に問題があったためである．［Asserted Conditions］をよく見てみると，これは［NECESSARY］ヘッダの下に入っており，右側には "⊆" と表示されている（図 4-24 を参照）．これは必要条件を意味する．主材料がウォッカであることはウォッカベースカクテルであるための必要条件ではあるが十分条件ではない，すなわち主材料がウォッカであってもそれがウォッカベースカクテルであるとは限らないという意味になるため，自動分類がなされなかったのである．先に見たように OWL のソースコードでは，これは rdfs:subClassOf で表されている．これに対して，カクテルの下位クラスであり，かつ主材料にウォッカをもつという制約をウォッカベースカクテルの必要十分条件にすれば，カクテルでウォッカを主材料にもつものはすべてウォッカベースカクテルの下位クラスであると推論することができるはずである．これを実現するためには，ウォッカベースカクテルが選択されている状態で（図 4-29 ①），［Asserted Conditions］において［NECESSARY］ヘッダより下にある「∃ 主材料 ウォッカ」をド

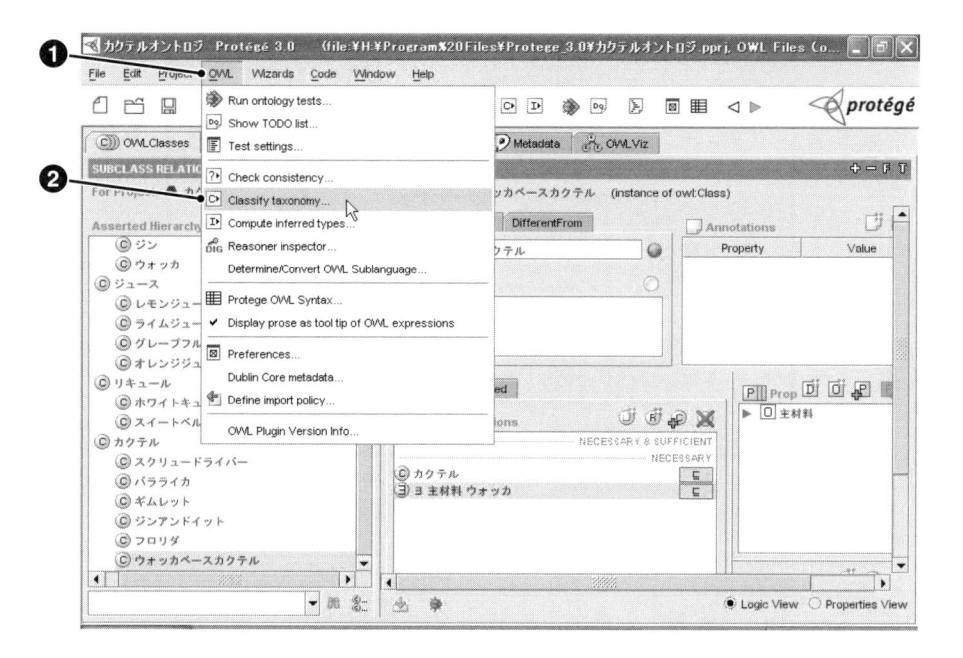

図 4-26　自動分類の実行

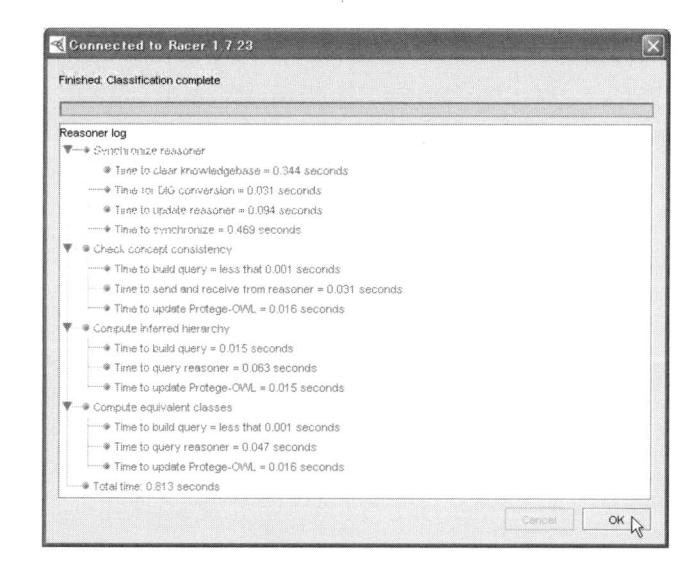

図 4-27　ログの表示

4.7 推論機構の利用　79

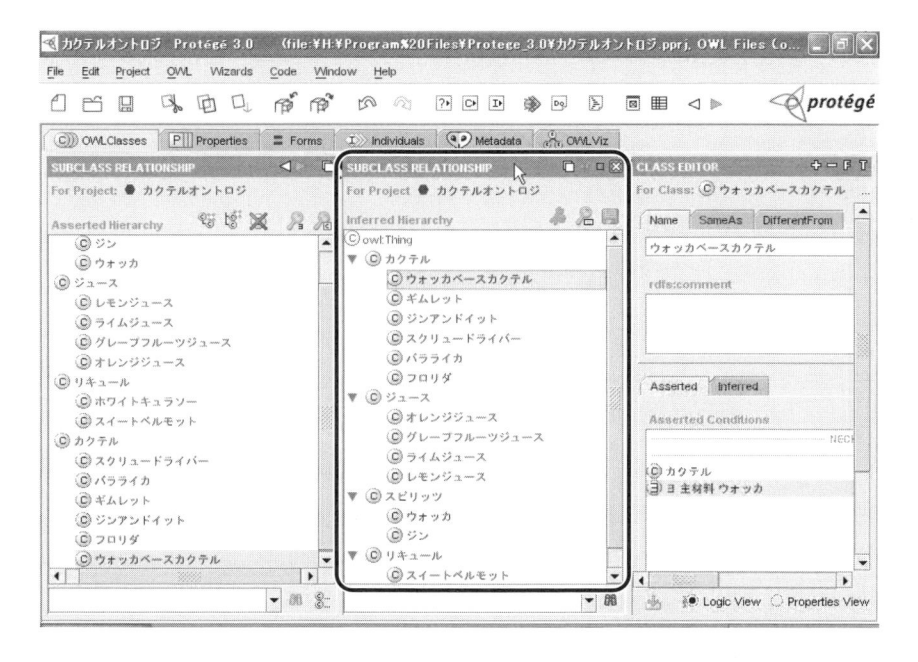

図 4-28　自動分類の結果

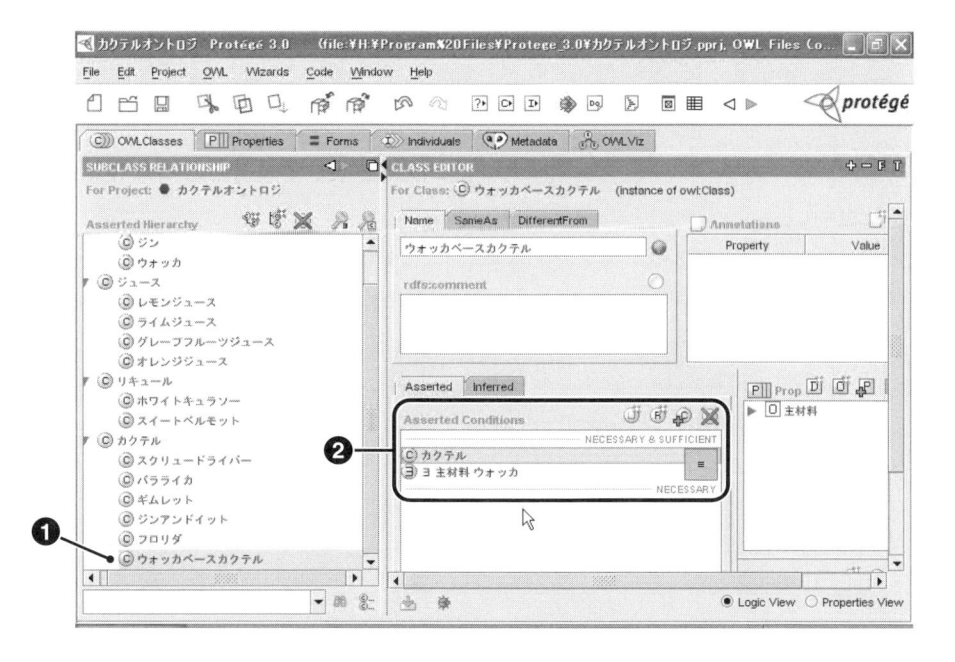

図 4-29　必要十分条件の設定

ラッグ（マウスボタンを押したまま移動する）して，［NECESSARY & SUFFICIENT］ヘッダの上にドロップする（マウスボタンを離す）．次に，［NECESSARY］ヘッダの下に残っている「カクテル」と表示されている行をドラッグし，先ほど移動した「∃ 主材料 ウォッカ」の上にドロップする．すると，この二つが一つになって右側に"≡"というマークが現れる（②）．

このときの OWL 記述は，rdfs:subClassOf を用いたものから owl:equivalentClass（3.5.6 項（ii）を参照）と owl:intersectionOf（3.5.5 項（i）を参照）を用いたものに変わっている．

```
<owl:Class rdf:ID="ウォッカベースカクテル">
  <owl:equivalentClass>
    <owl:Class>
      <owl:intersectionOf rdf:parseType="Collection">
        <owl:Restriction>
          <owl:onProperty>
            <owl:ObjectProperty rdf:ID="主材料"/>
          </owl:onProperty>
          <owl:someValuesFrom rdf:resource="#ウォッカ"/>
        </owl:Restriction>
        <owl:Class rdf:ID="カクテル"/>
      </owl:intersectionOf>
    </owl:Class>
  </owl:equivalentClass>
</owl:Class>
```

この状態でもう一度 Classify taxonomy を実行してみると，下のほうに［Classification Results］ペインが現れ，スクリュードライバーとバラライカがともにウォッカベースカクテルの下位クラスに移動した旨表示される（図 4-30）．［Asserted Hierarchy］の表示は元のままであるが，［Inferred Hierarchy］を見ると確かにこれらがウォッカベースカクテルの下に移動されている．

これは［OWLViz］タブでも同様で，［Asserted Model］タブが選択されている状態で（図 4-31 ①），［Show all classes］ボタン ▦ をクリックすると（②），元のクラス階層が表示される．また，［Inferred Model］タブが選択されている状態で［Show all classes］ボタン ▦ をクリックすると，推論結果のクラス階層がグラフ化されて表示される（図 4-32）．

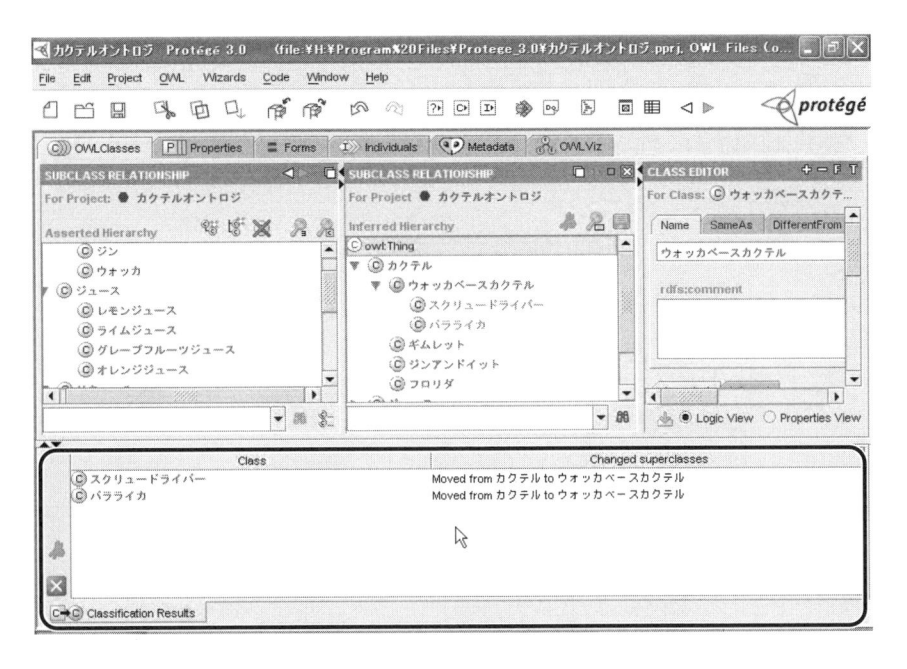

図 4-30　自動分類の結果

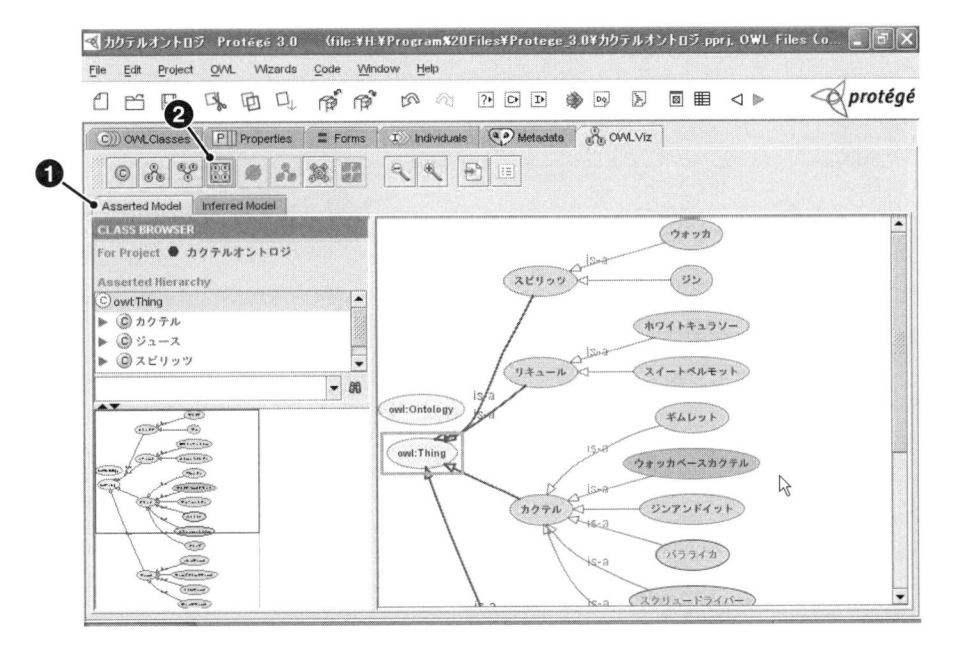

図 4-31　OWLViz による Asserted Model の表示

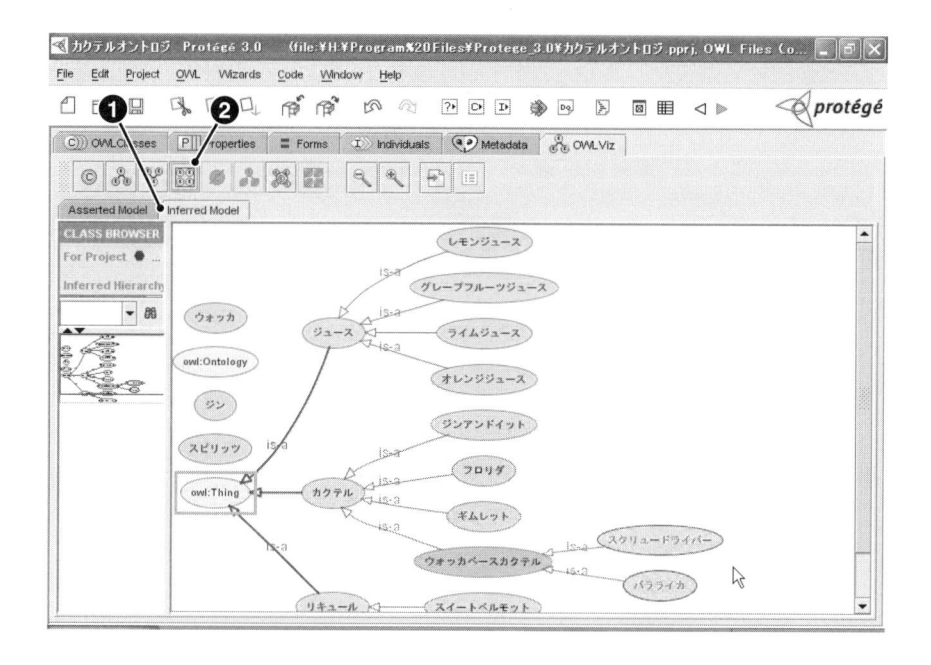

図 4-32　OWLViz による Inferred Model の表示

4.8　クラス階層の変更

　続いて，アルコール入りカクテルとノンアルコールカクテルを区別することを考えてみる．このためには，まず材料についてアルコールが含まれているか，そうでないかを区別する必要がある．これまでに作成したクラスの中では，スピリッツとリキュールがアルコールであり，ジュースはアルコールではない．そこで階層構造を変更し，スピリッツとリキュールをまとめて，「アルコール飲料」という上位のクラスを作成することにする．まず，owl:Thing の直下に「アルコール飲料」というクラスを作成する．次に［Asserted Hierarchy］でスピリッツをドラッグして，アルコール飲料の上にドロップする．すると，スピリッツがアルコール飲料の下位クラスに入る．リキュールについても同様の操作を行い，アルコール飲料の下位クラスにする（図 4-33 ①）．最後にジュースとアルコール飲料が互いに素であるという制約を加える．このために，アルコール飲料が選択されている状態で，右下の［Disjoints Class Widgets］の左から 2 番目の［Add disjoint class］ボタン をクリックし（②），表示されるダイアログボックスでジュースを選択して，［OK］をクリックする．

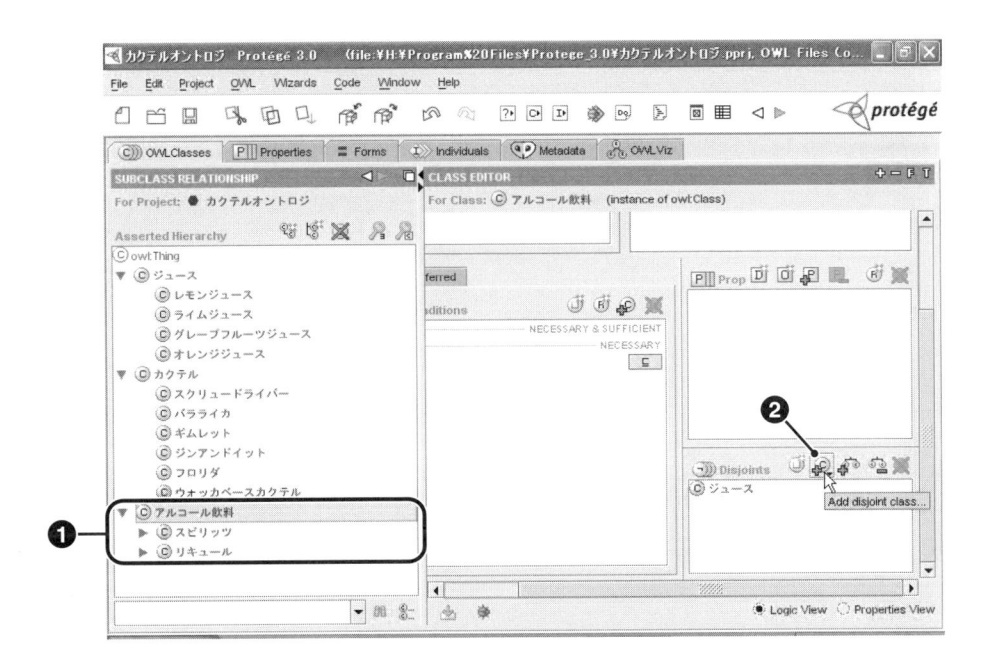

図 4-33　クラス階層の修正

4.9　開世界仮説の影響

　以上で準備は整ったので，まず「アルコール入りカクテル」を定義してみる．アルコール入りカクテルとは，カクテルのうち，主材料，副材料の別を問わず，材料にアルコール飲料を含むものである．これは先のウォッカベースカクテルと同様に，カクテルの下位クラスで，かつ「∃ 材料 アルコール飲料」という制約を必要十分条件として入力すればよい（図 4-34）．こうして Classify taxonomy を実行した結果，フロリダ以外のカクテルはすべてアルコール入りカクテルの下位クラスに移動する（図 4-35）．

　次に，「ノンアルコールカクテル」を定義してみる．ノンアルコールカクテルとは，カクテルのうちアルコール入りカクテル以外のものであると言うことができる．これは補集合の概念を用いて表現可能である．具体的には，［Asserted Conditions］で「¬アルコール入りカクテル」と表現すればよい．このような特性に関係しない制約を入力するためには，［Asserted Conditions］で左端の［Create new expression］ボタンを使う（図 4-36 ①）．このボタンをクリックして表示されるダイアログボックスで［Insert complementOf］ボタンをクリックし（②），続いて［Insert class］ボタンをクリックして（③），表示される［Select Class］ダイアログボックスでアル

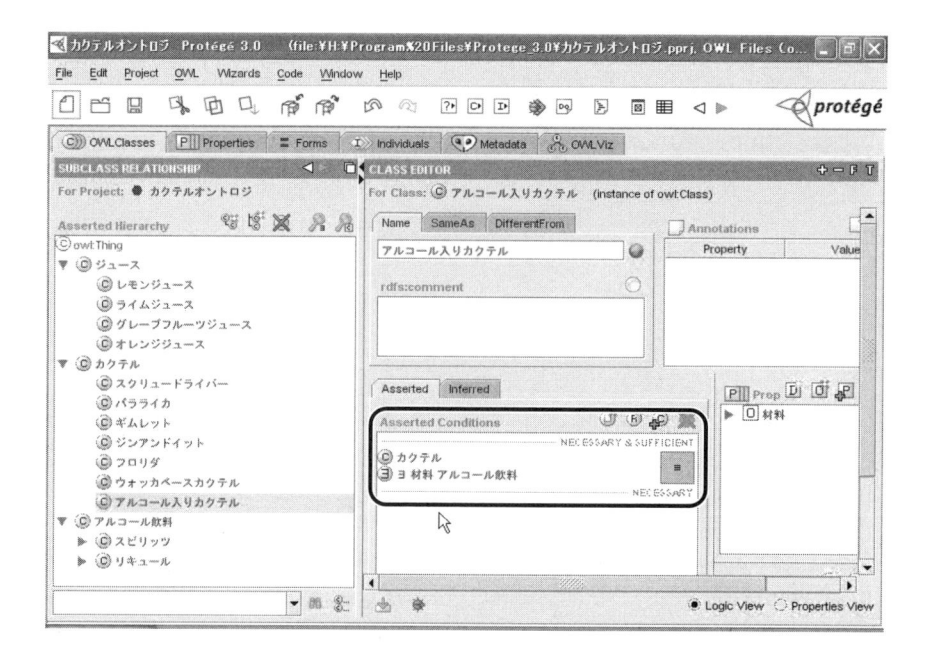

図 4-34　アルコール入りカクテルの定義

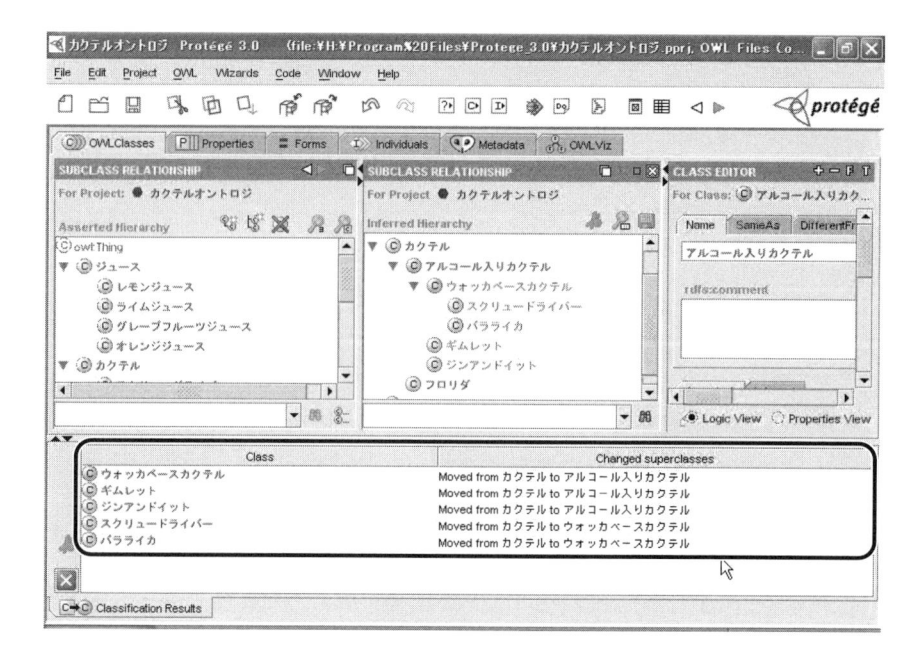

図 4-35　自動分類の結果

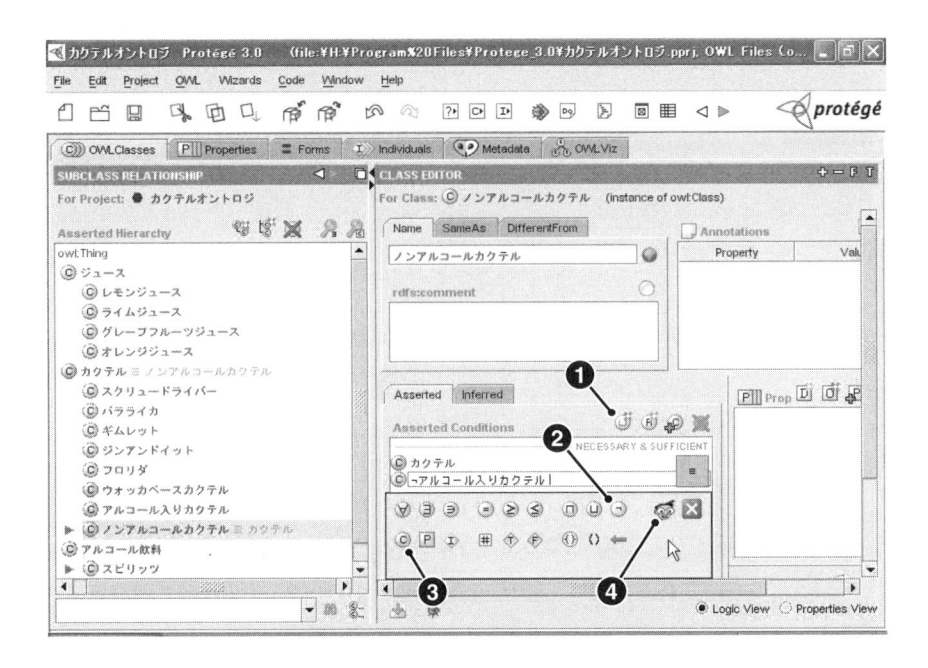

図 4-36　ノンアルコールカクテルの定義

コール入りカクテルを選択する．最後に［Assign］ボタン をクリックすると（④），制約が入る．これも必要十分条件にする．

こうして入力した条件は，対応する OWL 記述では owl:complementOf（3.5.5 項（iii）を参照）を用いて表現されている．

```
<owl:Class rdf:ID="ノンアルコールカクテル">
  <owl:equivalentClass>
    <owl:Class>
      <owl:intersectionOf rdf:parseType="Collection">
        <owl:Class rdf:about="#カクテル"/>
        <owl:Class>
          <owl:complementOf>
            <owl:Class rdf:ID="アルコール入りカクテル"/>
          </owl:complementOf>
        </owl:Class>
      </owl:intersectionOf>
    </owl:Class>
```

```
    </owl:equivalentClass>
</owl:Class>
```

しかし，この状態で再度 Classify taxonomy を実行してみても，フロリダはノンアルコールカクテルの下位クラスに移動しない．もう一度，フロリダの定義を見直してみると，カクテルの下位クラスで，主材料としてオレンジジュースを含み，副材料としてレモンジュースを含むという定義になっている．開世界仮説のもとでは，これだけの条件からはフロリダに他の材料が含まれる可能性が排除できないため，推論機構はフロリダをノンアルコールカクテルには分類できなかったのである．よって，これを可能とするためには，フロリダの材料はオレンジジュースとレモンジュースのみであることを言う必要がある．そこで，制約として「∀ 材料（オレンジジュース ∪ レモンジュース）」を追加する（図 4-37）．これは，一般に閉包公理と呼ばれるものである．これに対する OWL 記述では，owl:unionOf（3.5.5 項（ii）を参照）を伴った owl:allValuesFrom（3.5.3 項（i）を参照）が使われている．

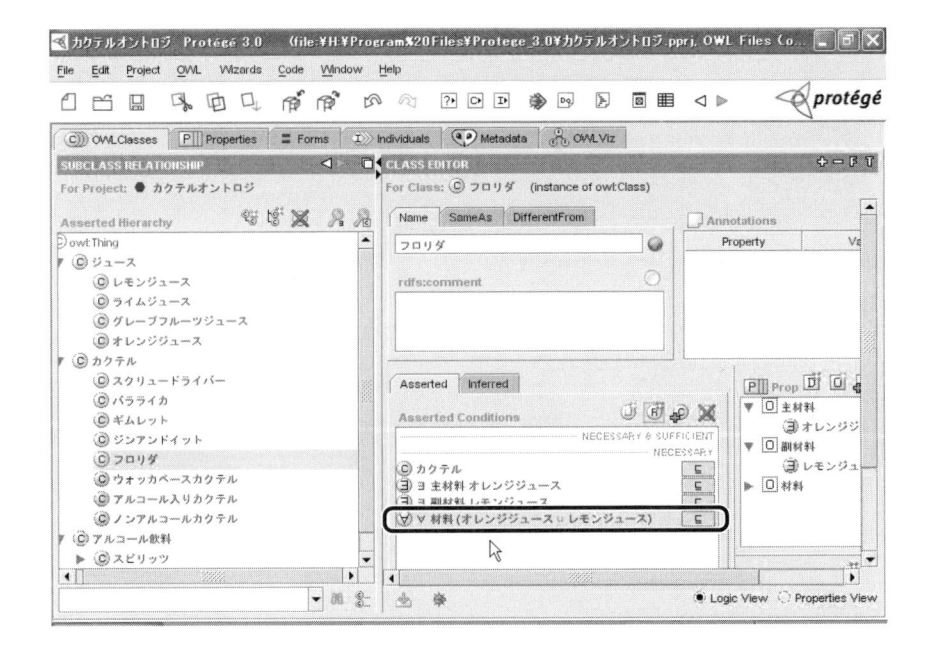

図 4-37　閉包公理の追加

```
<owl:Class rdf:ID="フロリダ">
  <rdfs:subClassOf rdf:resource="#カクテル"/>
  <rdfs:subClassOf>
    <owl:Restriction>
      <owl:onProperty>
        <owl:ObjectProperty rdf:ID="材料"/>
      </owl:onProperty>
      <owl:allValuesFrom>
        <owl:Class>
          <owl:unionOf rdf:parseType="Collection">
            <owl:Class rdf:about="#オレンジジュース"/>
            <owl:Class rdf:ID="レモンジュース"/>
          </owl:unionOf>
        </owl:Class>
      </owl:allValuesFrom>
    </owl:Restriction>
  </rdfs:subClassOf>
  <rdfs:subClassOf>
    <owl:Restriction>
      <owl:onProperty>
        <owl:ObjectProperty rdf:about="#主材料"/>
      </owl:onProperty>
      <owl:someValuesFrom rdf:resource="#オレンジジュース"/>
    </owl:Restriction>
  </rdfs:subClassOf>
  <rdfs:subClassOf>
    <owl:Restriction>
      <owl:onProperty>
        <owl:ObjectProperty rdf:about="#副材料"/>
      </owl:onProperty>
      <owl:someValuesFrom>
        <owl:Class rdf:about="#レモンジュース"/>
      </owl:someValuesFrom>
    </owl:Restriction>
  </rdfs:subClassOf>
</owl:Class>
```

この制約を追加して，再度 Classify taxonomy を実行すると，フロリダがノンアルコールカクテルの下位クラスに分類される（図 4-38）．

このとき，主材料と副材料を別個に，「∀ 主材料 オレンジジュース」，「∀ 副材料 レモンジュース」としても，フロリダはノンアルコールカクテルには分類されない．これは，材料の下位特性が主材料と副材料のみであるとは言っていないため，これだけからは材料にアルコール飲料が含まれていないと推論することができないからで

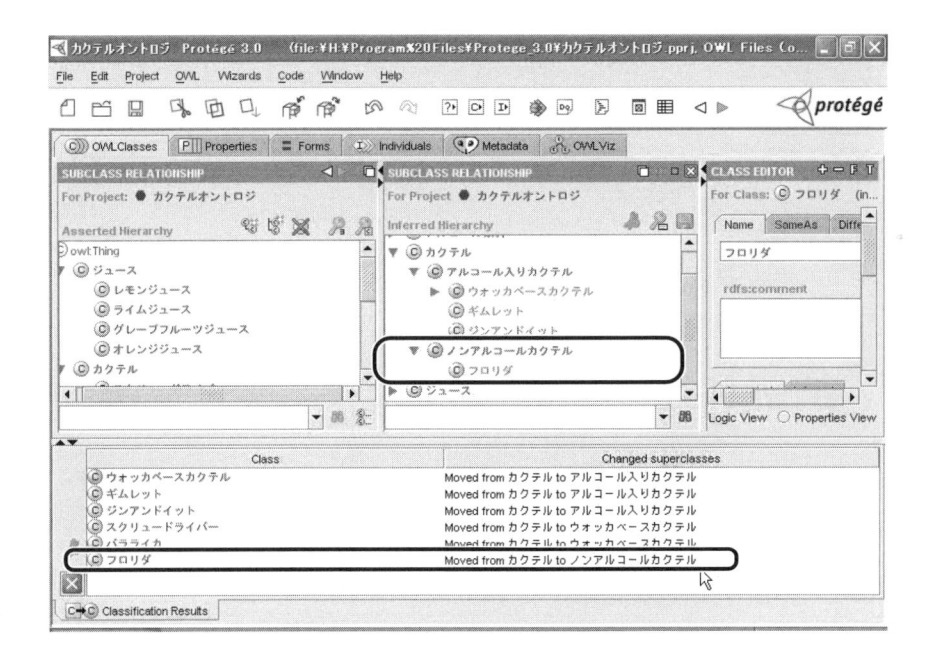

図 4-38 自動分類の結果

ある．

　以上，カクテルのレシピを題材にして，オントロジエディタ Protégé の使用方法と，Protégé が作成する OWL 記述について，簡単な解説を行った．本章では，初心者向けにごく初歩的な使用例にとどめ，紙幅の都合もあり，メンバ数の利用や，関数的特性などのさまざまな特性の利用，定義域と値域，個体，オントロジの版管理や名前空間を用いた他のオントロジの取込みといった話題には触れることができなかった．

　OWL を使って何を表現するかは，目的に応じてさまざまである．また，ただ単に記述するだけではなく，OWL で表現することにより，どのような効果が期待できるかという観点も重要になってくるだろう．そのような応用例については次章で述べる．

参考 URL

以下に本章で取り上げたツールと，その入手先を再掲する．

- オントロジエディタ Protégé —— http://protege.stanford.edu/
- OWL プラグイン —— http://protege.stanford.edu/plugins/owl/index.html

- OWLViz プラグイン —— http://www.co-ode.org/downloads/owlviz/
- 描画ツール Graphviz —— http://www.graphviz.org/
- DIG 互換推論エンジン RacerPro —— http://www.racer-systems.com/

第 5 章

オントロジ技術の応用

オントロジ技術の応用は始まったばかりである．いくつかの分野で，どのような要求のもとにオントロジ技術の導入が期待されているかを紹介する．

5.1　情報家電への応用（IEC/TC100 での活動）

　IEC（International Electrotechnical Commission：国際電気標準会議）には，情報家電を含むマルチメディア関連技術の標準化を担当する技術委員会として TC100（Technical Committee 100）が設けられ，1995 年からその分野の国際規格の開発を行っている．IEC には，その将来活動の指針を検討する委員会として PACT（President's Advisory Committee on future Technology）があり，2000 年 10 月に "Final report of the project on Human interfaces in Multimedia network Era" という報告書（PACT report）[1] を提出した．PACT report は，IEC 中央事務局経由で TC100 に届けられ，TC100 はこの報告書への対応を求められた．

　この PACT report は，IEC が扱うマルチメディア機器のヒューマンインタフェースの基本概念を示すものであり，その中にオントロジ技術の必要性が示されている．PACT report への対処として，TC100 は "Response to the PACT Report" [2] をまとめ，それに従ってマルチメディア技術の標準化活動を推進している．

　ここでは，オントロジ技術の情報家電への応用として，この PACT report の関連部分を紹介し，IEC/TC100 における "Response to the PACT Report" に従った活動の中でのオントロジ技術の位置付けを示す．

5.1.1 PACT Report

PACT は，今後の IEC の標準化活動を検討するに際して，ネットワーク化社会の普及を考慮し，次の課題に着目した．

(1) 局所的コミュニティに近接するサービスの開発
(2) トレンドとして現れた多様なサービスに使われるマルチメディアコンテントの普及

つまり，実世界とサイバー世界とを融合するための技術への要求があることを認識して，次の二つのネットワークサービスを検討することの必要性を明らかにした．

- ホーム内外のネットワークサービス
- モバイルヒューマンインタフェース

さらに後述の 8 分野の標準化課題候補を抽出して，IEC に対して次の勧告を行っている．

(1) IEC は，TC100/AGS（Advisory Group on Strategy）において 8 分野の標準化課題を議論する
(2) 特に IEC は，オントロジ技術の標準化およびメディア変換技術の標準化をそのスコープの中に含める

この勧告は，PACT Report の冒頭にある概要と結びの提言とに示され，オントロジ技術を IEC で標準化することが強調されている．

8 分野の標準化課題とは，表 5-1 のとおりである．これらの課題の関係を図示すると，図 5-1 のようになる．

5.1.2 Response to the PACT Report

PACT Report は，その勧告どおり，TC100/AGS に届けられ，TC100 としての対応の検討が開始された．PACT Report への対応方針をまとめた "Response to the PACT Report" [2] が，2003 年に関係者に配布されるとともに，PACT Report への対応案件が TC100/AGS 会議の議題に取り上げられ，専門家を含めた議論が国際標準化の観点から続けられている．

"Response to the PACT Report" の概要を次に示す．

PACT Report への対応として TC100 は，次の内容を標準化するための新規の分科

表 5-1 8 分野の標準化課題

標準化課題		技　術	
(1)	識別子提供	実世界に対応する情報とサイバー世界だけに存在する他の情報との区別	(a) 実世界とサイバー世界とを結ぶ技術
(2)	位置検出	屋内における位置の検出	
(3)	実世界での相互運用性を保つための属性情報を記述する枠組み	多言語とオントロジ	(b) サイバー世界の情報を包括的に管理する技術
(4)	情報を実世界に反映する枠組み	サイバー世界がその情報を実世界に反映することの保証	
(5)	プライバシ保護技術	匿名性の維持	(c) 利用者情報に基づくサイバー世界との相互動作の技術
(6)	検索，フィルタおよびマッチングの方式	（さまざまな条件での最適な）経路検索	
(7)	メディア変換技術	3D 画像圧縮方式，デバイス間の相互運用性（デバイス非依存表示方式）	(d) 実世界とサイバー世界との間のメディア入出力の技術
(8)	相互動作の技術	困ったときの容易な設定（例えば位置識別子による），デバイスとの自動相互動作（例えばプロトコルの保守など）	

会（TC100 では，これを TA：Technical Area と呼ぶ）を設立することを勧告する[1]．

(1) 利用者マニュアル（文書構造，用語，ナビゲーション，ウィザード）に関する共通指針

多くの文化圏で使えるヒューマンインタフェースを標準化することは複雑であるので，この指針は，サイバー世界のマルチメディアに対するヒューマンインタフェースの地域規格，国内規格または国際規格を作るための TS（Technical Specification：技術規定）であることが望ましい．すでに多くの記述的な解決，規定およびアプローチがあり，この TS は，それらを指示したり参照するものになる．

(2) 局所的所在検出の規格

局所的所在を検出（受動的または能動的）するために個人データ集合を含む

---

[1] TC100 の規定によれば，TA の設立には，新作業課題の投票で複数件のプロジェクトが成立することが前提となる．

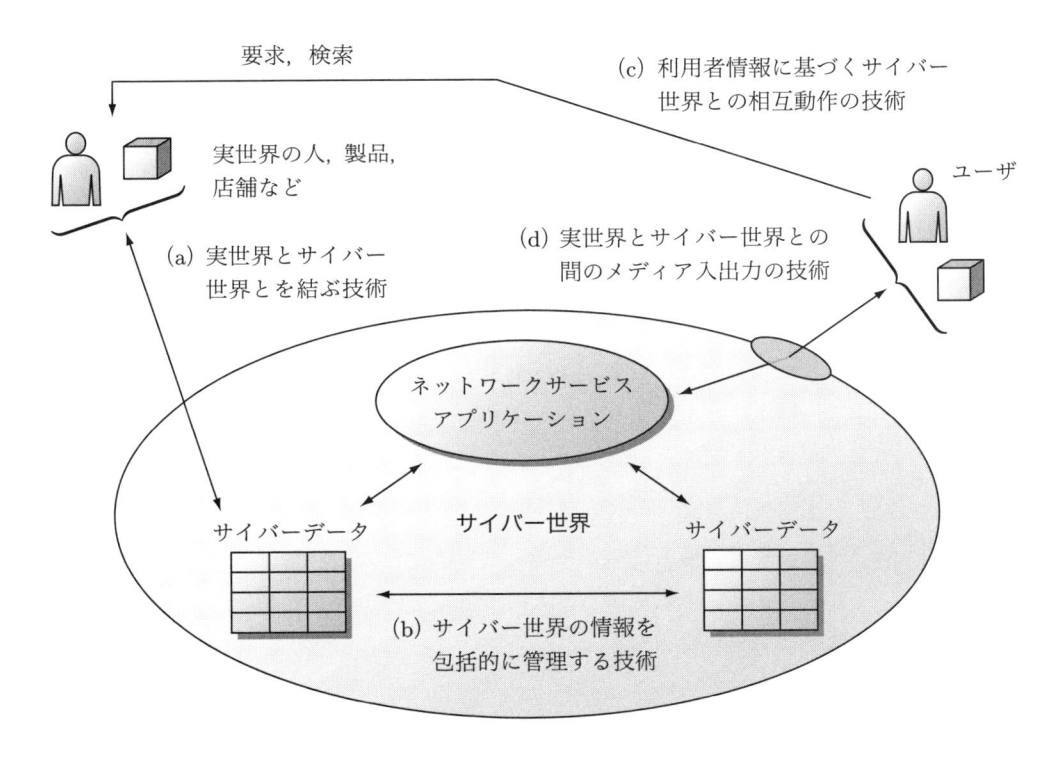

図 5-1 実世界とサイバー世界とを融合するためのネットワークヒューマンインタフェースに関する標準化課題

ハンドヘルド個人デバイスを対象とする規格を開発することが望ましい．

(3) プライバシ保護とデータセキュリティに関する TS

バイオメトリクデータおよび個人履歴データと組み合わせたセキュアトークンを用いた認可によって，セキュリティ，プライバシ，個人データ保護を扱う．TR（Technical Report：技術報告）または TS は，国内法規による固有の要件に配慮する必要がある．

(4) オントロジの語彙およびセマンティクスに関する規格

オントロジの語彙およびセマンティクスに関する規格は，利用者マニュアルなどが必要とするオントロジライブラリの作成に際して指針を与える．既存の国際的な語彙およびセマンティクスの規格が利用可能であれば，それを基礎とする．用語が技術固有であれば，国ごとの違いと技術応用とに配慮が必要である．

(5) 資源の識別と分類に関する TR

TC100 が扱う機器に関連する資源の識別と分類についての概要を作成する．それは，多くの値をもつデータ要素のデータ集合を含む．特徴的な資源の部品，資源の応用およびサービス特性，ならびに利用種別を扱う．

(6) 多くのホームネットワークに対する共通ヒューマンインタフェースの規格

Hyperlan, WiHi, ZigBee, Bluetooth, PLC などの多くの異種ネットワークがあるが，それらに依存しない共通ヒューマンインタフェースを標準化する．それに際しては，OSGi（Open Services Gateway initiative）が規定するような，局所的なネットワークとデバイスへの管理サービスの開放形ネットワーク配送を考慮する．

(7) 対話的受信資源への対応付け応用シナリオ

受信資源に対する応用シナリオの対応付けについては，必要なヒューマンインタフェースを識別するために，応用とその内容とを記述し分類する方法を標準化する必要がある．

5.1.3　TC100 における課題対応

AGS における PACT Report へのこれらの対応案件の中で，特にオントロジ技術に関係の深い議論を次に示す．

(i) AV 機器に求められるオントロジ技術

情報家電の中心に位置する AV（Audio-Video）機器は，デジタル化によって高機能化が一層進み，それがサポートするサービスは多様化している．その結果，機器の操作が複雑になり，利用者が望むサービスに到達するまでに利用者は大変な努力を強いられることになりかねない．そこで，高機能 AV 機器の利用者ごとのサービス品質と操作性を向上させようとすると，利用者個人へのカスタマイズが強く求められることになる．このカスタマイズを柔軟にサポートするのが個人情報管理（Personal Information Management：PIM）オントロジであり，例えば図 5-2 のような個人ポータルサーバの中に実装される [3][4]．個人の嗜好に基づいたテレビ番組の選択支援システムは，番組内容に踏み込んだメタデータと連携した PIM オントロジの直近の応用として検討が開始されている．

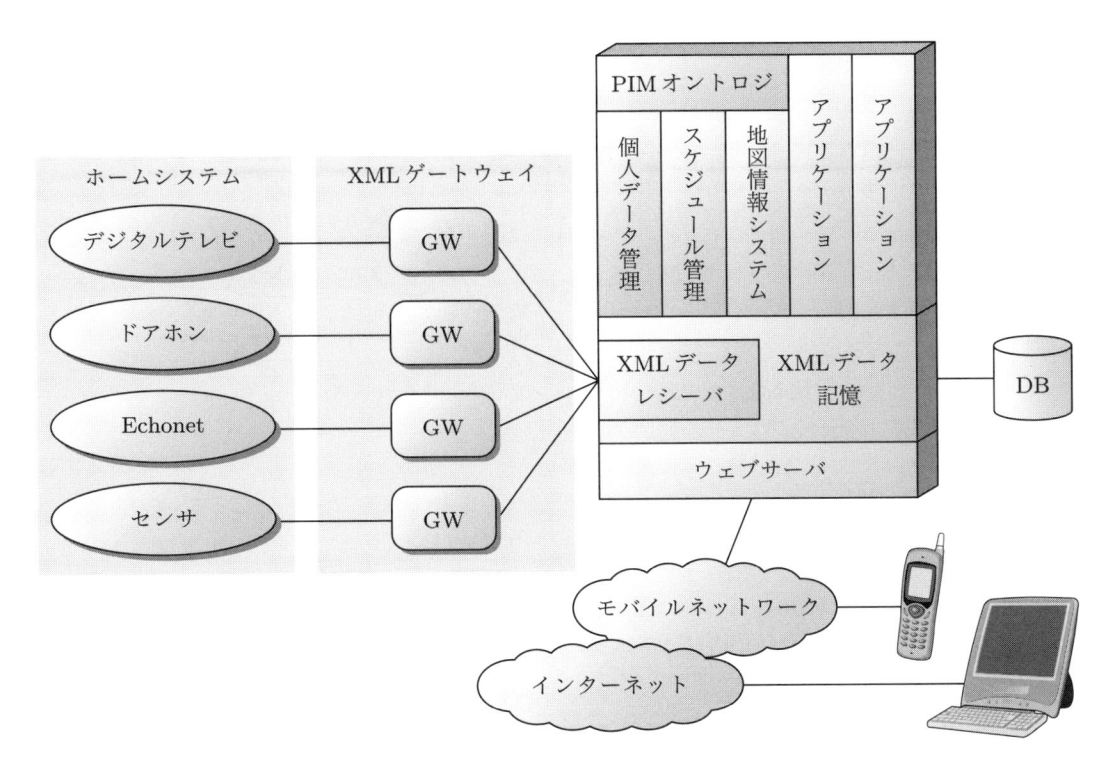

図 5-2　PIM オントロジに基づく個人ポータルサーバ

(ii) ホームネットワーク機器管理に求められるオントロジ技術

　ホームネットワークに接続される機器はますますその数を増し，新サービスの提供が行われている．例えば DVD レコーダはネットワークに接続され，外出先からのネットワーク経由での録画予約を可能にしている．その結果，セキュリティ機能の強化が求められ，機器設定とネットワーク管理との負担が増大している．
　この現状に対応するためには，機器設定およびネットワーク管理の自動化が望まれる．管理要求内容と各種機器の設計上の差異を考慮して，最適な設定を行うための判断が必要であることから，オントロジ利用の有効性が期待されている [5]．
　例えば図 5-3 のネットワーク管理システムモデルでは，ルータ（またはホームサーバ）が次の役割を果たす．まず，管理下にある機器（ネットワーク機器，AV 機器など）の情報を収集し，ネットワーク管理者の要求を表現する．ルータはこれらの情報を，ネットワークの外に置かれた統合サーバに送り，必要な設定情報を得る．ネットワーク機器には共通モデルがなく，設定を実現するための操作方法，コマンドなどはベンダごとに，またはバージョンごとに異なる．AV 機器などはまったく異なる設計

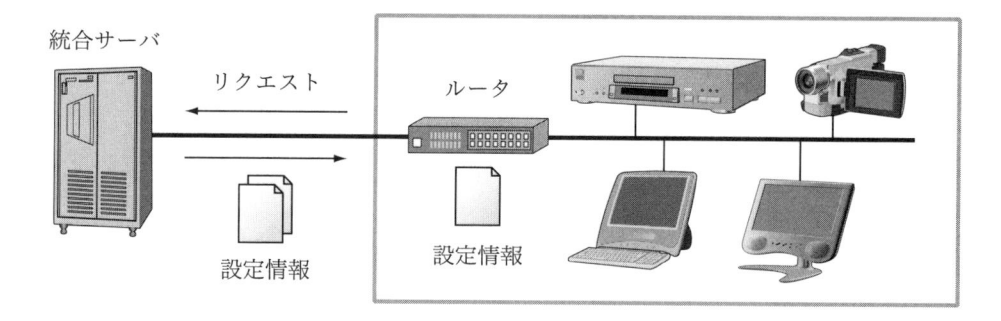

図 5-3 ホームネットワーク管理のシステムモデル

思想に基づいてネットワーク機能が取り込まれていることが少なくない．このような差異の吸収にも，オントロジの適用が期待されている [6]．

5.2 博物館情報横断検索への応用

5.2.1 博物館情報横断検索のための階層化フレームワーク

博物館（美術館を含む）情報の電子化が進み，ネットワークを通じて収蔵品に関する情報の提供サービス，検索サービスなどが開始されている．博物館情報の利用者にとっては，どの館にアクセスするかを意識せず，さらに各館の差異をも意識せずにシームレスに検索ができること，つまり横断検索できることが望ましい [7]．現状のほとんどの館では，それぞれが独自のサービスを提供しているため，

- 検索方法が館によって異なる
- ある館の情報を他の館の情報と関連付けて見ることが難しい

などの問題点があり，横断検索を困難にしている．そこで横断検索のためには，各館の情報を統合する仕組みが必要となる [8][9]．

単純な情報統合の方法として，収蔵品の関連情報を記述する共通フォーマットを定義し，各館がそれに従って情報提供できれば，横断検索の基盤は形成される．文化財情報については，文化財情報システムフォーラム [10] において共通索引の試みが行われている．国際的には，大掛かりになる可能性はあるが，CIDOC（Le Comité international pour la documentation du Conseil international des musées）[11] の取組みがある．

しかし，実際に存在する博物館は多様であって，扱う対象も規模も異なる．対象を

扱う態度は博物館によって異なり，提供する収蔵品関連情報もさまざまである．関連情報のベースとなる命名，分類という行為は，世界をどのように分節化して考えるかという認知を伴う思惟の表明である．博物館による収蔵品に関する関連情報の違いは各館の独自性の表れであって，横断検索の名のもとに共通化することは必ずしも適切ではなく，完全な共通化は不可能に近い．

収蔵品に対する博物館の視点と博物館利用者の視点は同じではない．加えて，博物館においては，専門家向け，一般向け，子供向けなど，提供情報のカスタマイズサービスが求められることがあり，情報の提供様式を複雑にしている．博物館情報の横断検索は，博物館情報に関するこのような多様性を許容した上で，利用者から見たシームレスな情報共有の上に立って行われることが望まれる．

定型的な共通フォーマットですべての情報を表現しようとする情報構造は，博物館情報の多様性を許容した横断検索を困難にするため，多様性を許容する情報構造として，次の三つのレベルに階層化される情報共有のフレームワークが提案されている [7]．

(1) 情報記述構造レベル

収蔵品に関連する情報を記述する構造の共通化を図るために，各館に対して標準化された情報構造を採用することを求めたり，館固有のインハウス情報構造の利用を否定することはせず，各館の情報を共通構造に変換する．共通構造への変換ができれば，例えばデータベースのスキーマレベルで，A館のスロットXがB館のスロットYに対応するという情報共有が可能になる．

(2) 情報記述内容レベル

情報記述構造レベルでの情報共有が実現しても，そこに記述される内容の表記の統一がなければ，単純な文字列操作ではその同一性を判定できない．そこで，このレベルで記述する語彙の相互変換と共有を図る．これは，知識表現においてオントロジの統合と共有として認識される．

(3) 情報ナビゲーションレベル

オブジェクトとしての収蔵品の間の関係情報を，オブジェクトへのリンクとして扱う．博物館に属する専門家や学芸員などがもつ知識には，このレベルの情報が多い．収蔵品を特定の視点から分類した情報や，利用者に対して収蔵品の見方をガイドする情報などは，利用者ナビゲーションのシナリオ記述として，このレベルで記述する．これらは必ずしも博物館に属する専門家だけによって作成される必要はない．

5.2.2　情報記述内容としての分類

　情報記述構造レベルの共通化では，title，creator などの共通データ構造を用いた検索は可能であるが，検索対象となる各要素に書かれている内容については，対象としていない．そこで，たとえ同じ構造に変換できても，

(1)　同じ内容に対して，複数の館で異なる表記をしている場合
(2)　異なる内容に対して，同一の表記をしている場合

に対応できない．記述内容の異同の判定には，比較的単純なものから，意味内容に関する高度な判断を要するものまでが含まれるが，この問題に対処するためには，情報記述内容レベルの処理が必要となる [12]．

　構造化された要素に書かれる内容に関する相互変換には，次のようなものがある．

(1)　異表記の変換
(2)　分類情報（クラスとインスタンスの対応）の統合
(3)　異なる分類（クラス階層）の統合

　ここでは分類に着目して，このレベルの情報共有を示す．

　博物館に所蔵されている収蔵品の固有名だけからでは，それが何であるかはわからない．複数の館が収蔵品をそれぞれ独自に分類し，それを記述しているときに，ある分類に属する収蔵品の横断検索を可能にする方法が必要である．

　ここで分類の個別性，文脈依存性が問題となる．同じ収蔵品に対しても，視点が異なれば分類方法が異なる．館の性質によっても分類方法は異なる．分類の結果生成されるクラスに与える名称も異なる可能性がある．この問題は，

(1)　クラスの一致／不一致
(2)　クラス名の一致／不一致

の二つに整理できる．(1) については，ある館の分類の結果生成されるクラスと完全に一致するクラスが別の館の分類の結果に存在する保証はない．(2) については，たとえ類似のクラスが存在しても，それらに同じ名称が与えられているとは限らない．

　異なる館の情報を横断的に検索しようとすれば，分類体系間の対応をとる，つまり分類マッピングを行う必要がある．その過程で背景知識の折り込みが行われる．分類マッピングはある特定の視点で行うことになるため，ある館の収蔵品に対して，異なる視点で規定される複数の分類マッピングが存在しうる．博物館自体がこれらの分類マッピングを規定し，運用することもありうるが，多くの場合，これは外部のポータルサイトの役割であると考えられる．そのようなポータルサイトが，それぞれ

5.2.3 分類マッピングからオントロジ記述へ

　情報記述内容レベルのプロトタイピングを扱った文献 [13] は，分類語彙表による分類体系を共通構造とし，それへの各館の独自の分類体系のマッピングに基づく横断検索を確認している（図 5-4 を参照）．そのプロトタイピングではクラス間の対応だけが扱われているが，クラス階層を上がる（汎化），または下がる（例化）ようなオペレーションが有効な場合もありうる．中間ノードへの対応付けを許すか否かの判断も必要である．

　もっと厳密なクラス定義，等価なクラスの発見，属性値に基づくインスタンスとク

図 5-4　分類マッピングを用いた横断検索システムの検索画面

ラスとの関連付けなどは，オントロジ技術を用いることによって可能になる．すでに OWL [14] などのオントロジ記述言語を用いてそれらを表現する試みが，画像電子学会画像ミュージアム研究会の博物館・美術館文書の構造記述研究グループ [15] で行われている．

5.2.4　OWLによる分類マッピングの実現と横断検索

文献 [15] は，分類体系および分類体系のマッピングを OWL を用いて表現し，横断検索のフィージビリティを検討している．分類体系に構造がない場合は，名前付きクラスの記述が並ぶだけであり，二つの分類体系間のマッピングは，ある体系のクラス，クラスの和集合または積集合と別の体系のクラスとを等価クラス公理で結ぶことによって表現する．分類体系に構造がある場合は，分類階層を下位クラス公理を使って表現する．異なる分類体系間のクラスのマッピングを等価クラス公理で結ぶ点では同じである．特性を用いる場合は，特性を定義し，特性の制限によるクラス記述を用いて，匿名クラスを記述することによって，元々の分類体系には存在しなかったクラスを構成し，それを等価クラス公理で結び付けることができる．

図 5-4 と同じ食器を題材にした仮想的な三つの博物館を定義し，各館の収蔵品分類体系の OWL 記述を次の（1），（2），（3）に示す．これで表現されているクラス階層の可視化表現をそれぞれ図 5-5～図 5-7 に示す．

(1)　A 館の分類体系の OWL 記述

```xml
<owl:Class rdf:ID="コップ">
  <owl:disjointWith>
    <owl:Class rdf:ID="籠"/>
  </owl:disjointWith>
  <rdfs:subClassOf>
    <owl:Class rdf:ID="食器"/>
  </rdfs:subClassOf>
  <owl:disjointWith>
    <owl:Class rdf:ID="フォーク"/>
  </owl:disjointWith>
  <owl:disjointWith>
    <owl:Class rdf:ID="銚子"/>
  </owl:disjointWith>
  <owl:disjointWith>
    <owl:Class rdf:ID="急須"/>
  </owl:disjointWith>
  <owl:disjointWith>
```

```
  <owl:Class rdf:ID="杯"/>
</owl:disjointWith>
<owl:disjointWith>
  <owl:Class rdf:ID="椀"/>
```

　　　以下省略

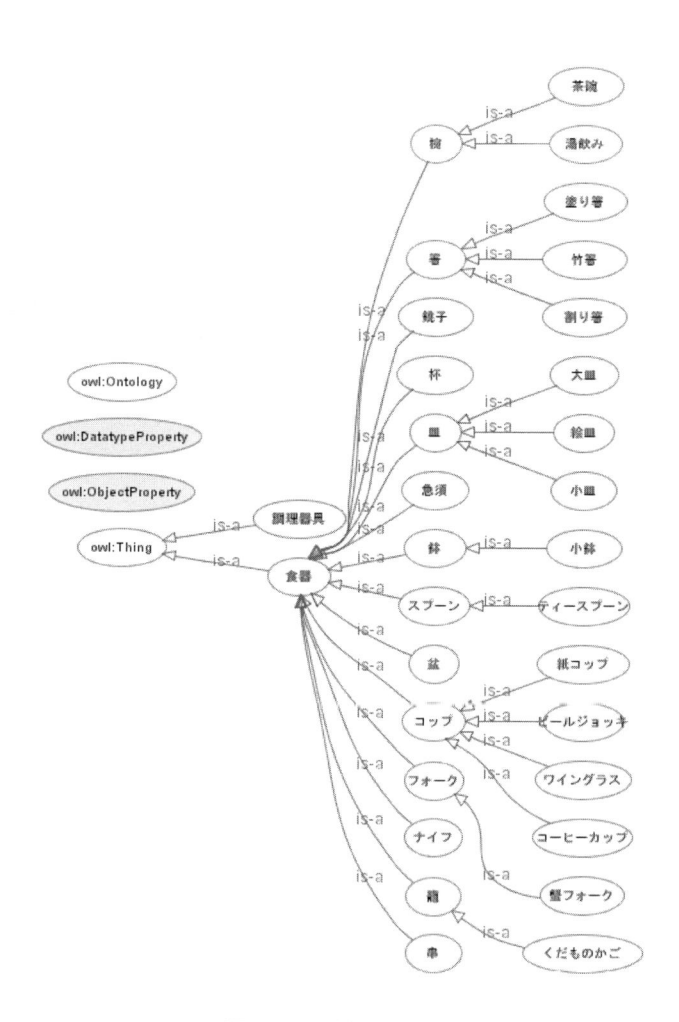

図 5-5　A 館の分類階層

(2) B館の分類体系のOWL記述

```
<owl:Class rdf:ID="棒状食器">
  <rdfs:subClassOf>
    <owl:Class rdf:ID="操作用食器"/>
  </rdfs:subClassOf>
</owl:Class>
<owl:Class rdf:ID="多人数用容器">
  <rdfs:subClassOf>
    <owl:Class rdf:ID="容器"/>
  </rdfs:subClassOf>
</owl:Class>
<owl:Class rdf:ID="個人用容器">
  <rdfs:subClassOf>
    <owl:Class rdf:about="#容器"/>
  </rdfs:subClassOf>
</owl:Class>
<owl:Class rdf:ID="個人用平板食器">
  <rdfs:subClassOf>
    <owl:Class rdf:ID="平板食器"/>
  </rdfs:subClassOf>
</owl:Class>
<owl:Class rdf:ID="フォーク状食器">
```

以下省略

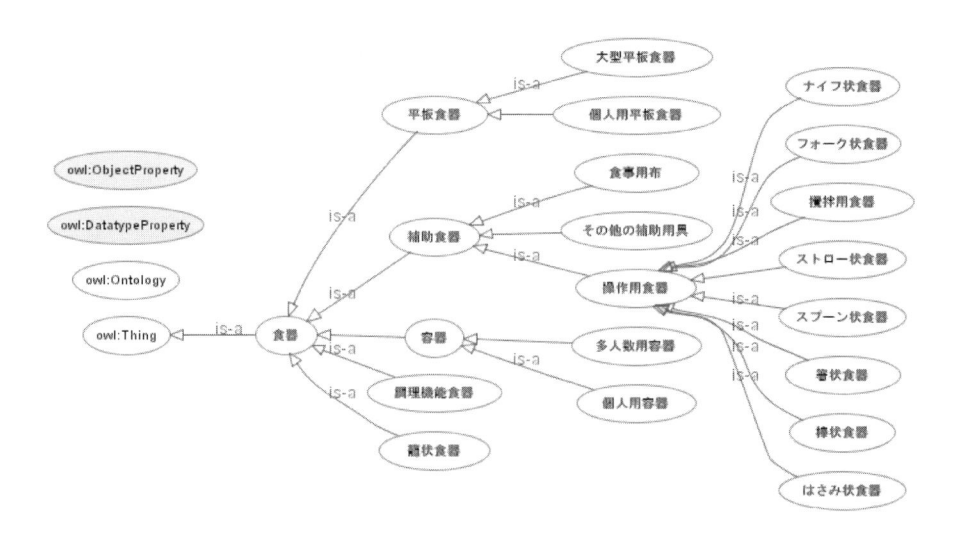

図 5-6　B館の分類階層

(3) C館の分類体系のOWL記述

```
<owl:Class rdf:ID="洋大皿">
  <rdfs:subClassOf>
    <owl:Class rdf:ID="洋食器"/>
  </rdfs:subClassOf>
</owl:Class>
<owl:Class rdf:ID="中華食器">
  <rdfs:subClassOf>
    <owl:Class rdf:ID="食器"/>
  </rdfs:subClassOf>
</owl:Class>
<owl:Class rdf:ID="和大皿">
  <rdfs:subClassOf>
    <owl:Class rdf:ID="和食器"/>
  </rdfs:subClassOf>
</owl:Class>
<owl:Class rdf:ID="重箱">
  <rdfs:subClassOf>
    <owl:Class rdf:about="#和食器"/>
  </rdfs:subClassOf>
</owl:Class>
<owl:Class rdf:about="#洋食器">
```

　　　以下省略

　分類自体に注目すると，扱っている対象が共通であっても，それぞれの分類基準や命名法は異なっていることがわかる．例えば，A館のクラス「皿」は，B館のクラス「平板食器」に対応すると思われるが，その下位クラスの分け方は異なっている．C館においては，「皿」に相当する上位のクラスは存在せず，「和食器」，「洋食器」，「中華食器」のそれぞれの下位クラスの中に散在している．

　ここで，A館のクラス「大皿」に対応するクラスをB館，C館から見つけよう．B館では「大型平板食器」がこれに相当する．C館では「和大皿」，「洋大皿」はこれに相当すると考えられるが，「中華皿」については判断ができない．そこで大きさにかかわる特性の値を利用して，「中華皿」の下に匿名のクラスを構成し，これをA館のクラス「大皿」に対応させる．B館の「大型平板食器」や，C館の「和大皿」，「洋大皿」についても，必要ならば特性による制限を追加してよい．

　横断検索に際しては，利用者からの検索要求を受付ける窓口が必要になり，この機能をポータルサイトとして実現することを考える．実際の検索対象データは各館に

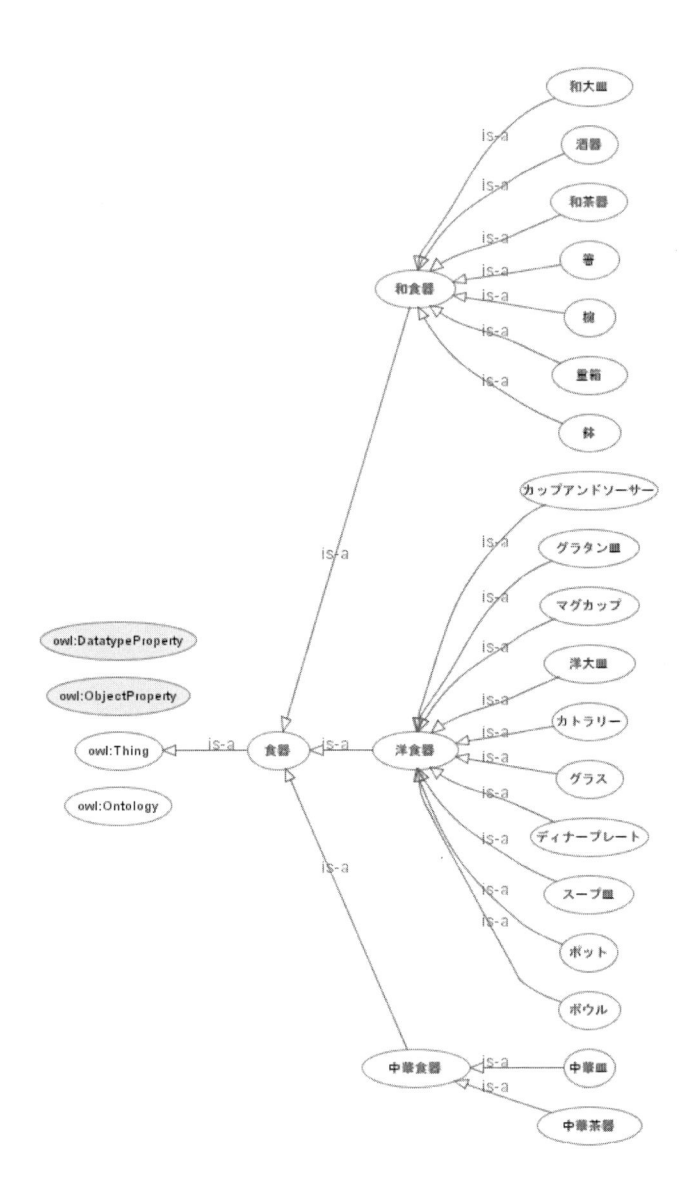

104　第 5 章　オントロジ技術の応用

図 5-7　C 館の分類階層

あるものとする．この場合，図5-8に示すように，利用者からの検索要求を受け付けたポータルサイトは，各館に対して検索要求を出し，各館から返ってきた検索結果をとりまとめて利用者に提示する．

オントロジ間のマッピングは，ポータルサイトと各館の間のどこで行われてもよい．各館に対しては各館ごとの語彙を使って検索要求を出すことにすると，マッピングと変換作業はポータルサイトで実行される．このとき，OWLのウェブオントロジとしての分散オントロジ管理機構が意味をもつ．

各館で採用している分類体系のOWL記述は各館ごとに作成される．これをポータルサイトで一つに統合することになるが，このときにウェブオントロジの取込み機構を利用する．各館ごとに記述されたOWL記述を取り込んで，名前空間で区別しながら，ポータルサイトで作成するオントロジの中で対応関係を記述していく．これを図5-9に示す．ポータルサイトでは，関連付けのためのオントロジを用いて検索要

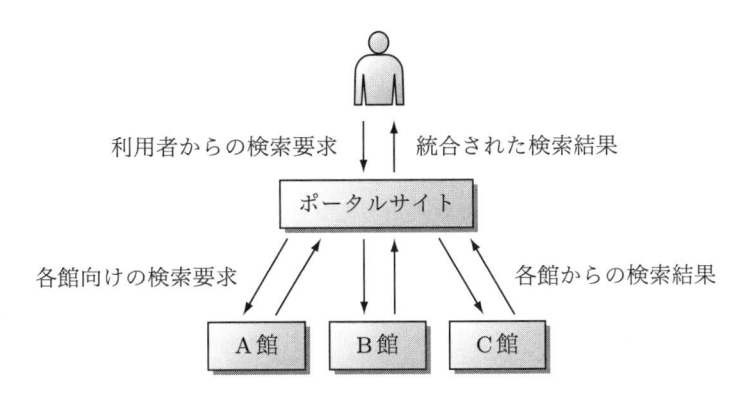

図5-8 横断検索の構成

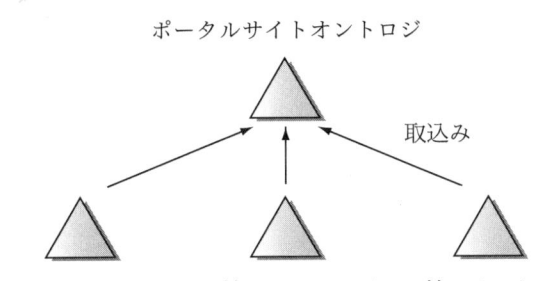

図5-9 オントロジの取込み

求に対応する各館のクラス記述を求めるとともに，それが各館のデータベースでどのように格納されているかを情報記述構造レベルで解決し，各館向けの検索要求を作成する．

5.3　書籍検索への応用

書籍という情報資源を有効活用するために，これまではシソーラスに代表される統制語（同義語，類義語，慣用語などの類を一つだけそのカテゴリにまとめたもの）によって構築される分類用情報資源が開発されてきた．しかし，分類用情報資源構築の進展は情報処理技術の進展に比べて極めて遅く，しかもその構築に多くの労力がかかるため，普及，流通が不十分である．さらにその構築には恣意性が入りやすく，その永続性も必ずしも保証されない．専門家が時間をかけて制定した語が普及せず，言い慣らわされた俗語に駆逐されることも少なくない．

現代語においては，その歴史的蓄積を捨てて，一語一語に新たな概念を造語として付加する試みが繰り返されてきた．しかしこれらの試みも，長期の経年変化の後には，新たな古典的概念体系の項目追加にすぎないという批判を受けることは否定できない．つまり，変化の激しい現代語を一つの枠組みに長期間封じ込めることに限界があり，いずれは古典世界と混ざり合うことになる．

そこで，増大を続ける書籍情報の分類を行うのに，知識体系の整備そのものを目的化して一つの概念木に統合することをやめ，比較的明確なあるがままの定義の集まりを運用することによって，つまり，オントロジを導入することによって，情報のナビゲーションをしようとする提案が行われている [16]．

5.3.1　和漢古典学のオントロジ

和漢古典においては，何度も編纂された類概念（分類概念語彙）によってまとめられた辞書や辞典が，継承性の高いオントロジの宝庫になっている．和漢の古典籍におけるオントロジの実体は，類書，辞書などの中の見出し，部立てに使用される語句から付属語を取り去り，そこから分類用概念語彙を抽出して，あるがままに集積したものである．これらの語彙は，極めて高い継承性をもつ．

文献 [16] では，中国の7種の類聚編纂物，日本の和漢朗詠集および分類語彙表 [17] から漢字列だけを抽出し，共通する語彙を各典籍ごとに比較して（図 5-10，5-11 を参照），次の結果を報告している．

地域・時代	撰者	書名	巻数	部名	部よみ	部付属文字	部順	門名	門よみ	門序
中国・唐	徐堅等	初学記	第一巻	天	てん	部	上	天	てん	一
中国・唐	徐堅等	初学記	第一巻	天	てん	部	上	日	ひ	二
中国・唐	徐堅等	初学記	第一巻	天	てん	部	上	月	つき	三
中国・唐	徐堅等	初学記	第一巻	天	てん	部	上	星	ほし	四
中国・唐	徐堅等	初学記	第一巻	天	てん	部	上	雲	くも	五
中国・唐	徐堅等	初学記	第一巻	天	てん	部	上	風	かぜ	六
中国・唐	徐堅等	初学記	第一巻	天	てん	部	上	雷	かみなり	七
中国・唐	徐堅等	初学記	第二巻	天	てん	部	下	雨	あめ	一
中国・唐	徐堅等	初学記	第二巻	天	てん	部	下	雪	ゆき	二
中国・唐	徐堅等	初学記	第二巻	天	てん	部	下	霜	しも	三
中国・唐	徐堅等	初学記	第二巻	天	てん	部	下	雹	ひょう	四
中国・唐	徐堅等	初学記	第二巻	天	てん	部	下	露	つゆ	五
中国・唐	徐堅等	初学記	第二巻	天	てん	部	下	霧	きり	六
中国・唐	徐堅等	初学記	第二巻	天	てん	部	下	虹蜺	こうげい	七
中国・唐	徐堅等	初学記	第二巻	天	てん	部	下	霽晴	せいせい	八

図 5-10 類聚編纂物からの漢字列の分類用概念語彙の抽出

件数 一致率	皇覧	釈名	北堂書鈔	芸文類聚	初学記	李嶠百廿詠	事類賦	和漢朗詠集	分類語彙表	書名 件数/横欄
皇覧	2	0	0	0	0	0	0	0	0	/2(2)
	2	0%	0%	0%	0%	0%	0%	0%	0%	
釈名	0	27	3	6	5	3	7	2	15	/27(27)
	0%		11.11%	22.22%	18.52%	11.11%	25.93%	7.41%	55.56%	
北堂書鈔	0	3	847	123	85	39	26	7	170	/847(874)
	0%	0.35%		14.52%	10.04%	4.60%	3.07%	0.83%	20.07%	
芸文類聚	0	6	123	745	124	88	87	33	174	/745(773)
	0%	0.81%	16.51%		16.64%	11.81%	11.68%	4.43%	23.36%	
初学記	0	5	85	124	338	80	84	31	120	/338(340)
	0%	1.48%	25.15%	36.69%		23.67%	24.85%	9.17%	35.50%	
李嶠百廿詠	0	3	39	88	80	132	63	22	64	/132(132)
	0%	2.27%	29.55%	66.67%	60.61%		47.73%	16.67%	48.48%	
事類賦	0	7	26	87	84	63	111	27	55	/111(116)
	0%	6.31%	23.42%	78.38%	75.68%	56.76%		24.32%	49.55%	
和漢朗詠集	0	2	7	33	31	22	27	131	59	/131(134)
	0%	1.53%	5.34%	25.19%	23.66%	16.79%	20.61%		45.04%	
分類語彙表中の漢字語彙	0	15	170	174	120	64	55	59	17,835	/17,835 (22,608)
	0%	0.08%	0.95%	0.98%	0.67%	0.36%	0.31%	0.33%		
地域・時代	中国・魏	中国・漢	中国・唐	中国・唐	中国・唐	中国・唐	中国・宋	日本・平安	日本・現代	
撰者	文帝	劉熙成	虞世南	欧陽詢:等	徐堅:等	李嶠	呉叔	藤原公任	国立国語研究所	

図 5-11 包含関係の比較

(1) 古典籍間の親疎の度合いが語彙の一致率の比較からわかる
(2) 古典籍中の分類用概念語彙は，多いものでその半数が現代日本でも使用されている
(3) 一致する語彙は，自然景物，年中行事，人事関係の語彙に集中している

この結果から，文献 [16] は次の応用を導いている．

(1) 和漢の古典籍に基づくオントロジは，古典と現代とを文化的に結び付けるだけではなく，さまざまな分野の知的体系を包摂しうる
(2) 絵画，映像は，その表題命名の歴史が典籍に比べて浅いため，古典籍のオントロジとの親和性が高いことが期待され，それらの分類への応用が期待される

参考文献

[1] IEC/TC100/AGS/63, *Final report of the project on Human interfaces in Multimedia network Era*, 2000-10-31.

[2] IEC/TC100/AGS/111, *Response to the PACT Report*, 2003-03-31.

[3] IEC/TC100/AGS/124, *Ontology description for AV equipment and systems*, 2003-11-05.

[4] IEC/TC100/AGS/143, *Ontology application to AV equipment and systems*, 2004-05-14.

[5] IEC/TC100/AGS/158, *Ontology application to network equipment management*, 2004-10-08.

[6] 「ネットワーク管理へのオントロジ適用」，『平成 16 年度将来型文書統合システム標準化調査研究委員会（AIDOS）報告書』日本規格協会/INSTAC, 2005-03.

[7] 山田篤ほか「博物館情報の知的横断検索のためのフレームワーク」，画電年次大会，2002-06.

[8] 原正一郎・柴山守・安永尚志「メタデータによるデータベースの機関間連携の実現」，情報処理学会，人文科学とコンピュータシンポジウム，2003-12.

[9] 山本泰則・中川隆「博物館資料情報共有の試み」，画電年次大会，2004-06.

[10] 文化財情報システムフォーラム, http://www.tnm.go.jp/bnca/.

[11] "The International Committee for Documentation of the International Council of Museums (ICOM-CIDOC)", http://www.cidoc.icom.org/.

[12] 山田篤ほか「博物館情報横断検索のための記述内容レベル相互変換」，画電年次大会，2003-06.

[13] 山田篤ほか「博物館情報の分類マッピングを用いた横断検索」，画電年次大会，2004-06.

[14] "OWL Web Ontology Language Reference", W3C Rec., http://www.w3.org/TR/owl-ref/, 2004-02.

[15] 山田篤ほか「博物館情報の横断検索におけるオントロジ利用の試み」，画像電子学会，画像ミュージアム研究会，2005-03.

[16] 相田満「古典的オントロジ資源の可能性──和漢古典学のオントロジ」，人文科学とコンピュータシンポジウム，2003-12.

[17] 国立国語研究所編『分類語彙表』秀英出版, 1964.

付章 A

オントロジ技術の背景と課題

　この付章では，ウェブオントロジ技術やOWLにとどまらず，さらに深く概念を扱う枠組みとしてのオントロジや関連領域について知りたい人のために，オントロジの哲学的な背景や，情報メディアとデータ型との関連，さらに今後の課題や可能性についてアウトラインを紹介する．はじめに，OWLを含むオントロジ技術の現状と問題点について述べる．次に，オントロジ技術の背景となった哲学分野の存在論，認識論の経緯を踏まえて，情報メディアのデータ型とオントロジの関係を述べる．特に情報メディアの進展が人間の場合とコンピュータの場合では対称になっている点に注目する必要がある．人間における情報メディアの進展が個物の概念化，抽象化であり，コンピュータのそれが具体化であることから，人間にとって容易な概念形成がコンピュータには不得手であり，オントロジ実装の課題は，この問題の克服に結び付く．最後に，今後の課題として，統計や確率を用いるモデルの可能性とセマンティックウェブの上位層の関係，セマンティックウェブの具体的実現の鍵を握ると思われるウェブインテリジェンス（Web Intelligence：WI）技術と複合ドキュメント技術について考察する．

A.1　オントロジ技術の現状

　オントロジ技術は未だに漠然としたものであるが，まずはすでに出版されている書籍を通じて現状の簡単な紹介を試みたいと思う．現在，明示的にオントロジ技術として認知されているのは，本書でも取り上げてきたウェブオントロジ言語のOWLとその経緯に関連するものであろう．現実に，オントロジ関連で出版されている書籍は，OWLやセマンティックウェブに関する解説とその応用が大半である．

　Grigoris AntoniouとFrank van Harmelenによる"A Semantic Web Primer"[1]は，セマンティックウェブ，XML，RDF，OWL，ルールなどの入門書であるが，実用

面も考慮された記述をしている．Thomas B. Passin による "Explorer's Guide to the Semantic Web" [2] もやはりセマンティックウェブに関する解説書だが，トピックマップ，アノテーションなど，検索応用分野への適用可能性についても解説している．Vladimir Geroimenko と Chaomei Chen による "Visualizing the Semantic Web；XML-based Internet and Information Visualization" [3] は，トピックマップを含めたセマンティックウェブ概念の可視化を指向した専門書であり，この分野で新たな概念を検討したいと思う人には参考になると思われる．

　セマンティックウェブや OWL といった現在注目されているオントロジ技術よりも，より基礎的なアプローチを解説した書籍も存在する．Sergei Nirenburg と Victor Raskin による "Ontological Semantics" [4] は，オントロジとは言っても，言語，会話，コミュニケーションを分析する自然言語処理モデルの解説である．テキスト入力を分析し，それを意味表現レベルまでブレークダウンして処理することを指向しており，自然言語分野のオントロジを学習するためには有益であろう．Chris Fox の "The Ontology of Language: Properties, Individuals and Discourse" [5] は，形式論理的なアプローチで，特性，量的概念，ロール，ガイド，対話概念など人間の概念形成に関係する基本的な問題を系統的に検討している．Alexander Maedche の "Ontology Learning for the Semantic Web" [6] は，オントロジの基礎からそのウェブへの応用，それに基づくオントロジの学習，さらにその関連分野まで検討している．e ラーニングにオントロジを適用しようと考えている人にとっては参考になる書籍であろう．

　OWL やセマンティックウェブを包含し，従来の AI やエージェント技術まで広範に検討するウェブインテリジェンスという概念が提唱され，コンソーシアムも活動している．この分野に関する書籍も出版されている．Ning Zhong, Jiming Liu, Yiyu Yao の編纂による "Web Intelligence" [7] は，ウェブインテリジェンスに関する多数の著者の論文をまとめたものである．ウェブインテリジェンスは，知的なウェブ（web wisdom）とその社会的な役割に関する新たなパラダイムを意味する．ウェブインテリジェンスは，図 A-1 に示すように 4 階層のレベルで形成されている．第 1 層はインターネットレベルのインフラとセキュリティ，第 2 層はインタフェースレベルのマルチメディア表現レベル，第 3 層は知識レベルの情報処理・管理，第 4 層は応用レベルのユビキタスコンピューティングと社会的課題のレベルとなっている．"Web Intelligence" では以上の階層に基づいて，ウェブエージェント技術，ウェブマイニング，ウェブ情報検索，ウェブ知識管理，ウェブ知識システムのインフラ，知的ソーシャルネットワークといった構成になっている．多数の著者によるものだけあって，ブログやソーシャルネットワークまで包含する幅広い分野を網羅している．

　以上のような，具体的なオントロジ技術とは一線を画した，哲学的な視点でオン

第4層	応用レベル	ユビキタスコンピューティングと社会的課題
第3層	知識レベル	知識情報処理・管理
第2層	インタフェースレベル	マルチメディア表現レベル
第1層	インターネットレベル	インフラとセキュリティ

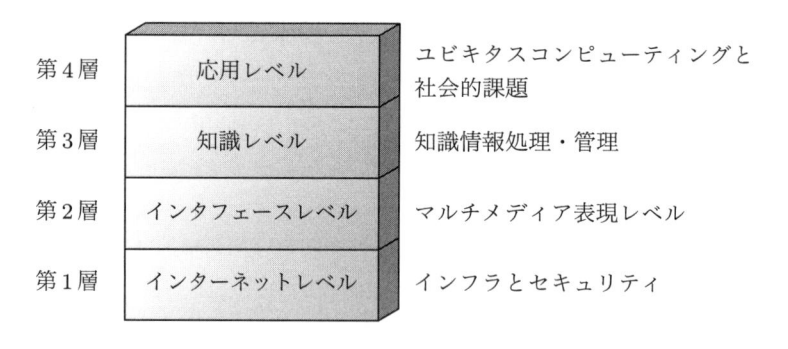

図 A-1　ウェブインテリジェンスの4階層モデル

トロジを検討する書籍も存在する．L. Nathan Oaklander による "The Ontology of Time" [8] は，時間の概念という哲学的な課題を解説した本である．時間の概念は流れと瞬間という異なった要素から構成され，把握概念として，過去，現在，未来という形式で捉える A 系列と，以前，以後，現在の瞬間として捉える B 系列が McTaggart により提案された．これらの概念と，A 系列，B 系列双方のハイブリッドな概念を比較考察することを通じて，新たな時間概念を提唱したのが上記書籍である．Ian Hacking の "Historical Ontology" [9] は，トロント大学名誉教授であり，科学的な概念の哲学的歴史に関する専門家である著者のオントロジに関する哲学的なエッセイ集である．

A.2　OWL の現状

　前節の書籍などで扱われている種々のオントロジ技術の中で，現在最も注目され検討されているのは，言うまでもなく OWL とその応用に関する分野である．とは言え，OWL に関しては現状でもさまざまな議論がある．その一つは，研究者の側からの議論で，OWL が実現した技術は，かつての AI 分野で開発されてきた技術を単にウェブに載せただけにすぎないのではないかという考え方である．他の議論は，主に実務関係者から提起されているもので，OWL は単に研究者の遊びにすぎないのではないかというものである．OWL が必ずしも実用的に役立つ目途が立っていないからである．

　クラスや特性（プロパティ）を定義して，ルールを用いる推論は，かつてのエキスパートシステムで行われてたパラダイムであり，OWL はそれを XML フォーマットで実現したにすぎない．むしろ，かつてのエキスパートシステムは，現状の OWL の

適用範囲よりももっと広範な分野を対象に検討され，プロトタイプが作成されていた．しかしその多くは失敗した．OWL はそのような教訓を活かして，実用的に普及するシステムに結び付けうるのであろうか．要するに，オントロジを研究者の研究対象から実用システムに移行させることが次の課題である．

本書ではオントロジを概念の枠組みと定義し，それをコンピュータの機能向上に伴う時代の要請として位置付けた．したがって，オントロジ技術の中核はコンピュータ上への概念の実装にある．人間は概念をいとも簡単に処理する．人間が用いる自然言語が，概念をベースとしているからである．オブジェクト指向言語のクラス定義や，それを拡張したミンスキーのフレームといった道具は，概念をコンピュータで模擬する基本的な枠組みであり，OWL はそのウェブ版である．しかしこのレベルの概念で可能なことは限られており，実用的なことが可能か否かが問われていると考えてもよいであろう．

まずは，その理由を考察するところから始めよう．人間における情報処理とコンピュータによる情報処理の違いを種々の観点から考えてみることとしたい．その端緒として，この本のテーマであるオントロジ，すなわち存在論を，人間の側の哲学がどのように定義しているかから吟味しよう．

A.3　存在論の歴史

思想の科学研究会が編集した『哲学・論理用語辞典』[10] による存在論の定義は，第 1 章の冒頭で述べた．要するに，個物の存在だけでなく，存在自体の意味を問う哲学分野であり，形而上学に近いものである．存在に深く関係する用語として意識や認識の問題がある．認識については認識論という哲学分野があり，上記の辞典によると，以下のように説明されている．

> 認識論 [epistemology] —— [ギリシャ語 episteme（知識）＋ logos（理論）]，知識論 [theory of knowledge] ともいう．語源の示すように知識についての理論．「人間が物ごとを知ることができるかどうか，できるとすればそれはどこまで知られるのか，知られたことがらはどこまで正しいのか，また確かであるか」などについての組織的な研究と説明を行う哲学の一分野．認識論は形而上学とともにむかし，ことに近世から哲学の主要部門であった．認識論上の考え方のチガイで哲学上のいろいろの学派は区別することができる．（経験主義，理性主義など）

存在論にしろ認識論にしろ「自分が存在する世界とは何か，それを認識する自分は何か」というような素朴な疑問に端を発する．そのような素朴な疑問を仮説と論証に

よって知識体系として構築したものが哲学である．哲学は知識を愛することであるが，その知識は客観的に正確な知識ではなく，かつドグマとして受け入れることを要求される知識でもない．前者は科学的知識であり，後者は神学的な知識である．哲学は，ドグマと科学的な知識との中間領域に属する仮説と論証により支配されるあいまいな知識の分野である．バートランド・ラッセルは，彼の主著である『西洋哲学史1』[11] の序文において，人間の知識の大まかな歴史を，ドグマとしての神学的な知識から，科学的な知識への移行プロセスとして捉える．宗教的な知識は，懐疑を通じて哲学的な知識に移行し，その体系の見直しを要求されてきた．一方，哲学的な知識は，経験や実験を通じて論理的に体系化され，それが科学的な知識として人類の知識基盤を構築してきた．

　存在論，認識論はすでに古代ギリシアにおいて哲学の主題であった．当時の哲学者の一人であるパルメニデスは「人間が感覚するものはすべて錯覚であり，真に存在するものは唯一の普遍的なものである」と語った．他方，ヘラクレイトスは「万物は流転する」と述べ，普遍的なものは存在せず，感覚を通じて変化する対象が本質であるという見解をとった．すなわち，パルメニデスが抽象的な普遍クラスを存在の本質と考えたのに対し，ヘラクレイトスは具体的なインスタンスこそ存在の本質と考えた．その後の西洋哲学における存在論，認識論は，パルメニデスの思想が主流となった．プラトンのイデア論は，パルメニデスの思想をさらに体系化し，アリストテレスは，共通の述語で記述される主語が共通の性質を有するという，今日の集合に相当する概念を生み出した．その後中世になり，キリスト教が思想的な基盤を担うとともに，存在は唯一神に帰せられる概念となった．キリスト教神学の立場だと，人間は肉体と霊魂からできており，その本質は霊魂にある．外界は肉体の付随物であり，その存在は神の意志に委ねられていると考えられた．

　近代哲学はデカルトの懐疑に始まるが，デカルトも存在の立脚点を思考する意識に置き，物質世界は人間の意識に従属するものと位置付けた．この考え方は，イギリス経験論，ドイツ観念論の主だった哲学者を通じて継承されたが，『リヴァイアサン』を著したトマス・ホッブスだけは，ヘラクレイトスと同様に思考よりは感覚を信じた．存在を神の領域から解放する動きは，ルネサンス以降に生じた．地動説，力学の成立などを通じて，物体の存在や移動は客観的な数式や微分方程式で記述されることが明らかになった．その後，力学は材料や熱，流体の世界に適用され，自然科学や工学を作り上げ，産業革命を通じて工業化社会を生み出した．

　哲学の課題であった存在論が，力学，物理学を通じて自然科学に吸収されてしまった状況を説明したが，モノの存在の議論が収束したわけではない．量子論においては存在が波動関数の収束による確率密度で与えられ，不確定性理論により観測者から

独立した客観的な存在は与えられない．他方，相対論では，モノ自体がエネルギであり，普遍的に存在するものとは言えないことを明らかにした．要するに，ギリシア哲学以来人間の感覚から見て当然のことと思われた，モノの存在が，相対論や量子論の立場から見るとモノも存在も疑わしいのが現状である．相対論や量子論の最先端における存在の概念は，必ずしも実験を通じて検証できる対象の世界ではない．この世界では，存在論が再び哲学的な思弁の世界に隣接している．

A.4 情報メディアとデータ型

A.4.1 人間の情報処理

図 A-2 は，ドナルド・ノーマンによる人間の情報処理モデルである [12]．人間が外界を認識し，その意味を理解し記憶して，さらに外界に働きかける状況をシステム的に記述したものである．要するに，外界の情報を感覚変換し，感覚情報として短期記憶で蓄え，言語化，思考，理解を経て知識として長期記憶に蓄える．さらに記憶構造を介して，欲望や動機付けなどにより効果器を通じて外界に働きかけるというモデル

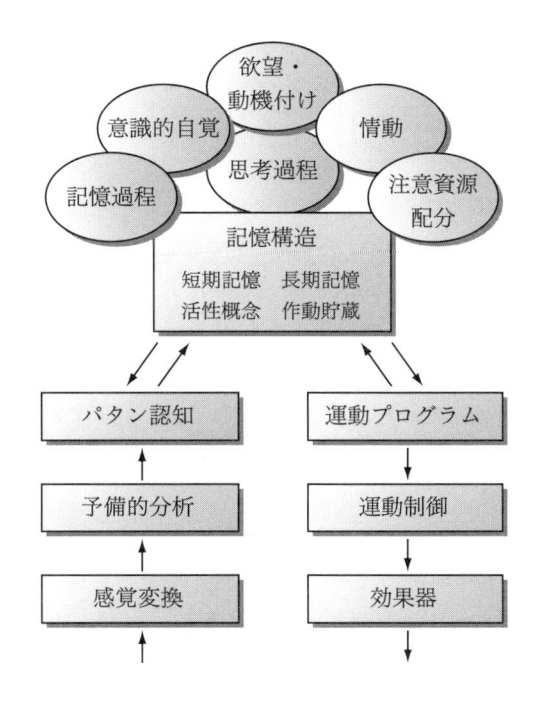

図 A-2　人間の情報処理モデル

である．現状における人間の認知のメカニズムは，基本的にはこのモデルから把握できる．

ところで，人間の知識は，以上の人間の内部における認知メカニズムによるものと，人間の外部における記述によるものとに大別される．前者は，感覚（視覚，聴覚，触覚，嗅覚，味覚など）で得られる記憶を体系化し概念化した非言語レベルの知識であり，後者は概念に名前を付け，それらを説明可能な言語レベルで記述した知識である．「暗黙知」と「形式知」という用語があるが，ほぼこれらに対応すると考えられる．意味論の分野には，認知意味論 [13] と形式意味論 [14] があるが，これらもやはり対応する概念である．

人間の記憶構造には短期記憶と長期記憶があり，短期記憶の内容が繰り返されることにより長期記憶に移行し，経験的な知識として蓄積される．さらに短期記憶の内容は，長期記憶における知識と照合され，長期記憶を修正追加していく．この機構は 1980 年代に知識工学が流行した時期に，長期記憶を if～the ルール，短期記憶を作業記憶領域にもつ「プロダクションルール」による知識ベース推論システムとしてモデル化された．しかし，このような単純なルールシステムは，演繹と仮説検証といった単純な診断的な推論しか行うことができず，帰納的な推論や定性推論といったより高度な処理は別次元と考えられた．

そのような意味で単純なルールによる知識を「浅い知識」と呼んだ．帰納的な推論や定性推論といった処理のためには，知識基盤となる構造を持ち込む必要があり，そのような知識を浅い知識に対して「深い知識」と呼んだ．定性推論分野ではそのような深い知識に対して「オントロジ」という用語を適用した [15]．その後オントロジという用語は，KQML や FIPA ACL のようなエージェント通信言語に継承され [16]，さらにそれがセマンティックウェブ [17] にまで及んだと言えるであろう．

人間を模した知識を浅い知識と深い知識に大別し，前者をルール，後者をオントロジと呼ぶ考え方を紹介したが，実際の知識を深い知識と浅い知識に厳密に分類できるものではない．浅い知識として扱われていたものが，種々の事実を帰納的に収集し，強固な論理基盤が与えられた時点で，深い知識に移行するような場合もあるであろう．このあたりの状況は，知識獲得のプロセスで議論されるところであるが，それは大雑把には以下のようなものであろう．

概念形成というものを考えると，それは分類概念，特性概念，定量概念といった方向付けで具体化，詳細化される．すなわち，異なるものとしてクラス分けし，クラス分けされた概念の特性を抽出して，さらにその程度を比較定量化することにより概念を明確化していくのである．この点に関しては，先に紹介した Chris Fox の "The Ontology of Language: Properties, Individuals and Discourse" [5] でも触れられてい

る．特性に関しては，多くの概念で共通のモノが存在し，そのような特性がもつ値の多くは，型（データ型）として扱うことが可能である．次にデータ型とそれを特徴付けた情報メディアについて説明する．

A.4.2　人類における知識の歴史：概念化

　人間はコミュニケーションを欲する動物であるが，その手段はさまざまに存在する．叫び声やジェスチャといった動物に近いものから，最近のインターネット上のデジタルコンテンツに至るまで，多様な方式が用いられている．表 A-1 は人間どうしのコミュニケーションにおける情報メディアを表している．言葉をもたなかった原始人類は，叫び声やジェスチャでコミュニケーションを行っていたと考えられるが，紀元前 3 万年頃のクロマニョン人は，洞窟に動物などの絵を描き，情報を共有していた．これらの絵は当時の人類の概念の記録であろう．

　紀元前 5000 年頃には，エジプト文明のヒエログリフに代表されるで象形文字が用いられるようになったが，これは壁画に描かれた絵を抽象化したものと言える．洞窟壁画の時代の主要な概念が狩猟生活に関係していたのに対し，四大文明が誕生する頃の人類は，より広範な概念を必要とするようになった．農耕生活は狩猟生活に比べるとさまざまな仕事を生み出し，分業に基づく生活上のコミュニケーションが多くの概念を必要とした．象形文字はそのような概念の象徴である．時代が進み社会が変化するに伴い，概念はさらに詳細化され，新たな文字が必要になった．その結果，象形文字はさらに抽象的な表現を必要とするようになった．紀元前 3000 年頃に中国では象形文字をさらに抽象化した表意文字である漢字が用いられるようになった．

　概念を特定の文字に対応付けるためには，文字数の無限の増加が要求される．しか

表 A-1　コミュニケーションにおける情報メディア

適用時期	コミュニケーション手段
B.C. 100 万年頃 ～	叫び声，ジェスチャ
B.C. 3 万年頃 ～	洞窟壁画
B.C. 5000 年頃 ～	象形文字
B.C. 3000 年頃 ～	表意文字
B.C. 1500 年頃 ～	表音文字
A.D. 1000 年頃 ～	数式代数学
A.D. 1800 年頃 ～	近代論理学

し，新規に生成される文字は複雑で込み入ったものにならざるを得ない．かつその文字セットで情報のやりとりをするためには，多くの人々が文字情報を共有せねばならない．しかも，その使いこなしのために膨大な労力を要求される．日本の学校教育において漢字の読み書きに膨大な時間が費やされていることは周知のとおりである．新しい概念に新しい文字を対応付ける試みはやがて収束し，新たな概念を文字の組合せ，すなわち熟語で表現するようになった．今日の日本語の漢字による概念は，以上のような経緯で生まれてきたと言えるであろう．以上から，単一文字による概念は基本的な概念であり，熟語による概念は，後の時代に追加された概念であろうことは容易に想像できる．

　紀元前 1500 年頃に，表音文字が誕生する．新たな概念を文字の組合せで表現するなら，象形文字や表意文字のような膨大な文字を使用する必要はない．表音文字はそのような背景を踏まえて世の中に出現したと言える．象形文字や表意文字が数百，数千という数の文字を必要としたのに対し，表音文字はそれを数十という値に激減させた．その結果，表音文字を使う人々の識字率が向上し，コミュニケーションの効率化が促進された．数の概念は，直接感覚で認識するモノの概念や事象の概念に比べると抽象度が高い．鳥の一羽と暦の一日が共通の「一」で表されることを知るためには，数自体がクラスであることを認識する必要がある．そのためには数えるというプロセスを必要とする．数えるというプロセスは，一つずつ対応付けをさせることである．古代人が今日の小学生が行うように数の対応付けに手の指を使ったことは想像に難くない．その結果として，人類に 10 進法が普及した．

　時間や距離，重さなどの概念は，数の概念に基づく．太陽の周期的な動きから日の単位が決まり，さらに月の満ち欠けの周期から月の単位が決まり，地球の公転に基づく季節の周期から年の単位が決まった．距離のフィートは歩行時の歩幅に端を発する．これらの古典的な度量衡の単位で，12 進法や 60 進法が用いられたが，これは割り切れる数が多いほうが実用上便利なためであった．以上のような数字や計算の基礎概念は，農地の測量のためにエジプト文明の時代から存在した．ピタゴラスの定理やアルキメデスの原理からわかるとおり，古代ギリシア文明においては，基本的な四則演算や定量化手法が用いられていた．しかし，ゼロや負の数の概念が生まれるためには，まだ若干の時間を必要とした．

　無や負数の概念は，単純な存在論を超えた抽象的な思考を必要とする．存在の概念は，それが存在し人間の感覚に訴えるから生じるのであって，存在したことがないモノの概念は認識できない．それらは近似の概念などから推論される．推論するためには，普遍性に基づく法則が必要である．哲学者たちの一部は，神の存在，霊魂の存在やその不滅，人間行動の倫理などを，一般的な法則から演繹的に導き出すことを試

みた[1]．だが，これらの概念は厳密性を欠いていた．ゼロや負数の概念を厳密に扱えるようにするためには，数式と変数，すなわち代数学の概念が必要である．抽象的な変数や数式という概念を用いる代数学を確立したのは，10世紀頃アラビアにおいてであると言われる．その後，無限や連続の概念，微分や積分の概念，複素数の概念などが作られた．このような数学に基づく概念の世界と，人間の感覚に基づく物理的な世界とが融合してニュートン力学に基づく物理学の体系が構築された．

さらに，集合論をベースとする近代論理学が19世紀に確立し，人間のコミュニケーションを論理的な枠組みで扱えるようにした．集合論は，無限の概念を明確化するためにカントールにより作られたが，ペアノやフレーゲ，ラッセル，ホワイトヘッドなどにより，数学が公理と集合論に基づく述語論理で構築された．その成果は，ラッセル，ホワイトヘッドによる "Principia Mathematica" [18] により象徴される．ラッセルをはじめとする分析哲学者たちのグループは，集合論と述語論理で記述される世界を，数学にとどまらずさらに拡大することを試みた．ヴィトゲンシュタインは彼の初期の著作として有名な "Tractatus Logico-Philosophicus"（論考）で，世界を論理的に定義することを試みた [19]．ラッセルはこの著作を評価し，その序文を書いたほどであったが，ヴィトゲンシュタインは彼自身の著作に必ずしも満足してはいなかった．その後，彼は自然言語による論理はあいまいで，言語ゲームとでも言うべきものであるという考えに傾いた．

彼は，ケンブリッジ大学で教鞭をとったが，その弟子の一人は，今日の計算機の基礎であるチューリングマシンを考案したアラン・チューリングであった．ヴィトゲンシュタインの授業は，受講生との一対一の徹底した対話を通じて教授するというユニークなものであったそうであるが，チューリングはそのような対話を通じて鍛えられ，チューリングマシンのアイデアも，そのような経験を積んで得られたと言われる．このように，今日の計算機は，チューリング，ヴィトゲンシュタインを通じて，論理分析哲学の系譜とつながっている．

A.4.3 コンピュータが扱ってきた情報メディア

コンピュータが適用してきた情報メディアを表 A-2 に示す．

コンピュータは電子回路を用いる2進論理による計算のアイデアに端を発するが，最初に実現されたのは1940年代であった．1950年代にはセンターの計算機による科学技術計算に適用され，そのために FORTRAN のような言語が用いられた．1960年代には TSS（Time Sharing System）が開発され，COBOL のような言語でオンライ

---

[1] これらの概念は中世から近代に至る西洋キリスト教社会には受け入れられていた．

表A-2 コンピュータにおける情報メディア

普及した年代	コンピュータが扱うメディア
1940年代	2進論理（ENIAC，機械語）
1950年代	数字，数式計算（Fortran）
1960年代	英数字，事務処理（COBOL）
1970年代	漢字処理（日本語ワープロ）
1980年代	GUI（アイコン，マウス）
1990年代	図形，画像
2000年代	映像，音声

表A-3 コミュニケーションとコンピュータにおけるメディアの対比

コミュニケーション	コンピュータ
叫び声，ジェスチャ	映像，音声
洞窟壁画	図形，画像
象形文字	GUI
表意文字	漢字処理
表音文字	英数字，事務処理
数式，代数学	数字，数式計算
近代論理学	2進論理

ンの事務処理に用いられるようになるとともに，編集機能をもつタイプライタであるワードプロセッサが使われ始めた．1970年代になると，漢字の世界でコンピュータが使われるようになり，日本語のワードプロセッサも製品化された．1980年代にはSmalltalk-80に代表されるXerox PARCの研究成果がパーソナルコンピュータやワークステーションに導入され，アイコンとマウスを用いるGUI（Graphical User Interface）が使われ始めた．

　1990年代になると，情報家電と呼ばれる分野が市場として立ち上がり，カーナビの地図に代表される図形や，デジカメによる画像がコンピュータの処理対象として扱われるようになった．21世紀に入ると，広帯域のブロードバンドネットワークが一般化し，映像や音声がコンピュータで扱われるようになった．これまで人間が扱ってきた情報メディアはざっと以上のとおりであるが，興味深い事実が浮かび上がる．表A-3は上下を逆にした表A-2を並べたものであるが，その各々が見事に対応している．これは偶然であろうか，それとも必然性が存在するのであろうか．これは必然

である．人間のコミュニケーションにおける情報メディアが，ひたすら抽象化，概念化を指向したのに対し，コンピュータにおける情報メディアは，具体化，オブジェクト（インスタンス）化を指向したからである．

図 A-1 で示した Ning Zhong らによるウェブインテリジェンスのアーキテクチャ [7] が，マルチメディアの上位に知識を置く構造をとっているのに対し，この構造は，自然言語を中心にして，マルチメディアと数学・論理が対峙する構造になる．

人間の歴史を考えると，マルチメディア（映像，音声，画像，図形など）の上位に（後に）自然言語が置かれ，その上位に（後に）厳密な計算処理が可能な数理や論理の世界が置かれる．

他方コンピュータの歴史を考えると，論理の世界の上に（後に）数理の世界が構築され，その上に（後に）符号化された文字や文字列の世界が置かれ，さらにその上に（後に）符号化された図形や画像の世界が置かれ，最上位に（最後に）時間軸をもつ，マルチメディアの世界が置かれている．

さらに注目すべきことに，上記の情報メディア階層は，データ型に関係している [20]．その様子を図 A-3 に示す．この図において，明確に計算が可能な型は，数に関係する整数・小数型と論理型である．自然言語が関係する文字や文字列は，全文検索による文字列照合のような扱いは容易であるが，同義語や反意語，意味的な包含関係などを用いようとすると煩雑になり一挙に処理が難しくなる．その上のオブジェクト型（クラス）は，意味的な包含関係を体系付けたものである．

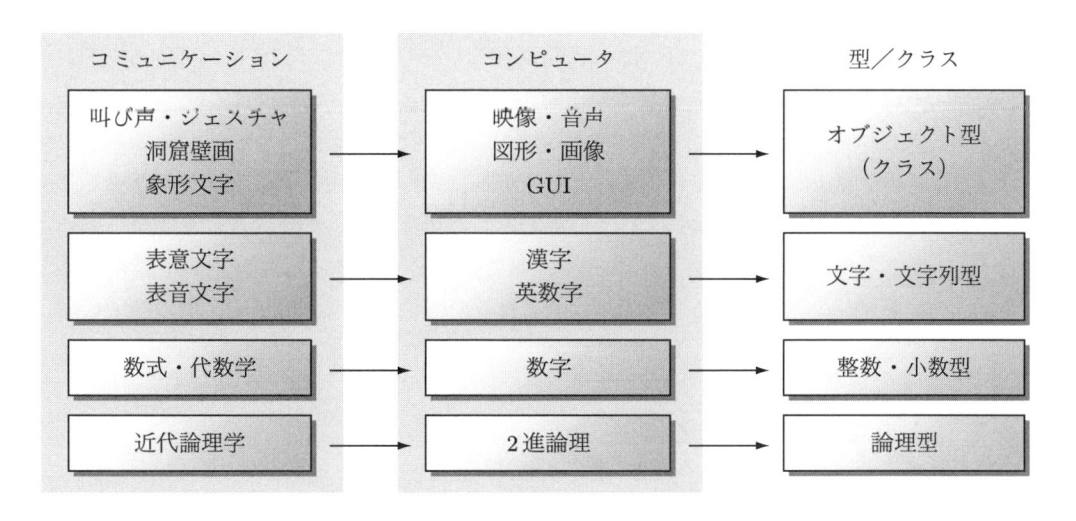

図 A-3 情報メディア階層とデータ型の関係

A.5 データ型とオントロジ

A.5.1 オントロジ技術への要求

今日の計算機分野で使用されつつあるオントロジの意味を概念の枠組みとして捉えることとしたが，それでは次に，その用語が用いられる場面を考えよう．オントロジが要求されるのは，明確に定義されていない対象や状況に対して，それに対する一般性のある解答を獲得するような場面であろう．森羅万象を司る法則に基づき解答が得られるなら，その法則がオントロジを形成するであろう．

自然科学における物理学や化学の自然法則はそのような範疇である．定性推論において，ナイーブフィジックスが取り上げられたが，物理現象がオントロジに深く関係することを物語るものである [15]．物理現象の多くは微分方程式で記述される．さらに微分方程式群を統合するような概念があれば，それは高位のオントロジである．力学におけるラグランジアンやハミルトニアンといった概念はオントロジ的にはレベルが高いと言える．物質という存在にとって基本的な概念とともに，微分方程式を導出する変分概念やエネルギという保存概念を定義したからである．さらに量子論や相対論は，存在の本質と思われた物質の概念をあいまいにし，角運動量やエネルギを存在における本質とした．

生物学におけるオントロジは，まずは分類学（タクソノミ）であろう．例えば植物界（plants kingdom）を例にとると，門（division of phylum），綱（class），目（order），科（family），属（genus），種（species）といった階層に分かれ，個々の植物が種のレベルで位置付けられれば，その属性や特徴などは極めて詳細に把握できる [21]．

オントロジを用語集として扱う考え方が世の主流であるが，このアプローチは，オントロジへのインタフェースを用語集という形式で扱おうとするものであろう．用語集が見出しと内容だけであったら，それは単なる辞書にすぎない．用語集がオントロジ的であるためには，すべての用語を基本語彙とそれで定義された用語で記述するような方式で用語がコントロールされている必要がある．これらの用語の関係がオントロジの本質である．ここでは，それらの関係を図 A-3 のデータ型の階層に従って考えてみる．

A.5.2 論理による関係

まず考えられるのは，論理による関係に基づくオントロジであろう．1980 年代に，Prolog を用いる述語論理による推論システムが検討された．セマンティックウェブにおける DAML+OIL や OWL も，基本的にはこの世界でオントロジを構築しよう

としている [22]．ところで，この世界は，部分的にではあるが，すでに 1 世紀前に論理分析哲学の世界で検討されていた．バートランド・ラッセルは 100 年前に "The Principles of Mathematics" を著し [23]，集合論をベースとする記号論理学で世界を記述する可能性を提示した．このアイデアは有名な「ラッセルのパラドックス」に遭遇し，より本質的な問題の解決に向かわざるを得なかったが，ヴィトゲンシュタインがラッセルの意図したことに近い仕事を「論考」で行ったことはすでに述べた．その後，ラッセルとヴィトゲンシュタインは不仲になり，両人ともこの世界の探求はやめてしまったが，カルナップ，シュリック，マッハらによる，当時ヴィーン学団と呼ばれた論理実証主義者にこの仕事は引き継がれていった．彼らはナチスの迫害により米国に渡り，プラグマティズムと融合して今日の米国における記述論理のグループを形成していった．特にカルナップは，物理学分野への記号論理学の適用 [24] や，意味論への様相論理学の適用 [25] などを試みている．なお，ラッセルのパラドックス以来 1 世紀を経ているものの，論理によるオントロジが新たな領域を切り開いたとは到底言えないであろう．

A.5.3　数理による関係

数は，誰でも知っている概念であり，数を通じて関係付けられ多くの人に共有される概念体系は，オントロジを形成すると言える．数をパラメータにして概念が発生したり異なったりする体系は，数理によるオントロジである．量が質を規定するとか質が量を規定するといった状況モデルが存在するが，これなども数理によるオントロジである．物理現象の多くは数理によるオントロジである．個体，液体，気体といった物質の形態は，分子間引力（ファンデルワールス力）の安定状態が温度によって異なることに起因する．したがって，温度という数に物質形態は依存する．物質の存在形態は存在論（オントロジ）の基礎であり，それは数理によるオントロジである．物質の位置と運動の関係は，力学体系によるオントロジで，微分方程式の解を通じて得られる．微分方程式は，数値的に計量可能な状態空間の位置における微分係数を定義するものであり，解析的に求められることもあれば，計算機による数値解で得られることもある．

対象とするモデルが，力学系のように微分方程式で定式化される場合，種々のパラメータを与えることによりその振舞いを把握することが可能となる．このようなパラメータを与えて計算機シミュレーションを行えば，結果は予測可能であり，このような計算モデル自体がオントロジを形成する．しかし，いちいちシミュレーションを行わねばならないようなオントロジは必ずしも実用的ではない．

微分方程式の解の様子は昔から研究されている．例えば微分方程式の特異点（不動

点）を用いて，解の大まかな傾向を知ることができる．この手法は，2次元の x, y 平面であれば位相面解析として知られている．この場合に解が収束したり，発散したり，周期解（リミットサイクル）を描いたりするが，無次元化されたパラメータの値でその様子が変化する．したがって，解を得なくても結果の概略は知ることができる．このような，無次元化されたパラメータの分類とその関係は，解の挙動に対するオントロジとみなすことが可能である．

このようなパラメータの具体例として，力学分野の振動系において，振動を鎮めるパラメータである減衰係数（ダンピングファクタ）があげられる．このパラメータが1以上だと衝撃が加わっても振動は生じない．この値が1以下だと振動が生じる．この値を測定することにより，オーディオスピーカーの忠実度を評価したり，乗り物の乗り心地を評価したりすることができる．このようなパラメータの関係は数理オントロジと言えるであろう．

数理によるオントロジとして重要な領域に確率，統計的な関係や概念がある．ある事象と別の事象が独立か非独立かは，それらの相関をとることにより関係が得られる．あるサンプルが事象Aを満足させる場合，それが事象Bを満足させるかどうかは，事象Aと事象Bの相関がわかっていれば推察することが可能になる．このような確率的な関係もオントロジを形成すると言えるであろう．一昔前に流行したカオスなども，種々の現象を説明するための数理モデルであり，この範疇に属するものである．このアプローチで世界を解明することに挑戦する考え方もあるが [26]，多くの人が受け入れなければオントロジを形成するとは言い難い．

A.5.4　自然言語による関係

多くの人々は，自然言語の意味概念でこの世のオントロジを構築したいであろう．しかしこれは困難な挑戦である．1世紀前の分析哲学者たちは，言葉の意味を明確に定義することを試みた．言葉を用いて言葉を論理的に定義することができれば，世界は記述できると考えたのである．

ヴィトゲンシュタインの「論考」[19] は，その具体的な挑戦であったが，現実世界を言葉にマッピングするだけでは，すべての世界を記述することにはならない．非現実の仮想世界を現実世界の言葉で記述する可能性や，そのような可能世界を扱う様相論理などの問題が提起され，言語による論理の構築は頓挫した．その後のヴィトゲンシュタインに言わせると，自然言語は，所詮は「言語ゲーム」にすぎない．個々人により同じ用語でも意味することは異なり，しかも生活経験を通じて個々人がその人なりの言語の意味を作っていくというアプローチである [27]．それでも人間相互にコミュニケーションが可能なのは，客観的，普遍的な意味が存在するからであろうと

思われるのだが，それを厳密化することは極めて困難である．特定領域の用語を厳密に定義することは可能である．しかし，そこで用いられる定義を他の領域に持ち込むと，その定義は成り立たず普遍性はなくなる．そのあたりの議論を検討したのがゲーデルの不完全性定理である [28]．

したがって，客観的な用語の意味が存在して世の中のコミュニケーションが保たれていると思うのは幻想にすぎない．用語の意味は適用される分野により微妙に異なり，さらに時代とともに揺れ動いている．このような差異や揺れを前提にして，広大な分野のコミュニケーションが可能となっている．このようなあいまいさを許容しつつ，言葉のやりとりをして人間社会は成り立っている．この領域でオントロジを定義することは，ある種の矛盾をはらむ自然言語のあいまいさを包含する用語の関係を構築することにならざるを得ない．あいまいさの処理は，分野が拡大すると加速度的に増大するであろう．さらに未検討の分野などは，そもそも用語が存在しないのだから造語を行わざるを得なくなる．

見方を変えると，人類は世界の至る所で，さまざまな状況に置かれ，新たな概念を形成し，これに適当に文字を当てはめて言葉とし，それを子孫に引き継ぎつつ造語を繰り返すことにより，自然言語を作ってきたのである．自然言語は基本的には造語の集積であり，それが厳密な意味体系をもつと考えるのは無理であろう．

A.6 クラス階層による関係

A.6.1 タクソノミとクラス定義

植物のタクソノミのように，確立した分類関係をオントロジとして適用するのは一般的なアプローチである．この方法はクラス階層によるオントロジと言える．OWLのオントロジもこの機構に強く依存している．クラス階層の構築は，オブジェクト指向プログラミング（Object-Oriented Programming：OOP）言語におけるクラス定義の経験をした人ならわかるとおり，種々の問題がある．単一継承と多重継承の問題，多重継承におけるメソッドコンビネーションの問題など，特定の状況で一般的な解答が存在するわけではない．状況に依存して主観に基づく個人差が生じる．したがって，単に分類してアクセス可能としたようなものはオントロジとは言い難い．

A.6.2 OOPによるクラス定義の例

例えば，非線形微分方程式を，クラス継承を用いて解く場合，摂動項の付与をサブクラス定義により行い，シミュレーションを通じて解くことが可能である [29]．まず

線形項のみの解法のクラスを定義し，次に摂動項を含んだサブクラスを定義してシミュレーションを行うと，パラメータ変化を通じて非線形項の役割がわかる．この場合，2種類の独立した摂動項がある場合を考える．例えば，振動方程式の粘性項とポテンシャル項のような場合である．サブクラスとして，粘性項を付与する場合と，ポテンシャル項を付与する場合とでは，当然のことながら解の振舞いは変わってくる．前者の場合は，ファンデルポル方程式のような自励振動を生じるようになるし，後者の場合はダフィングの方程式特有の現象の跳躍が起こる．このように，特定の結果を得る場合に，サブクラスの経路により概念形成のプロセスは変わってくる．

A.6.3 分類におけるコンテキスト依存

振動方程式では，最初の摂動が粘性項経由の場合とポテンシャル項経由の場合とで最終結果は変わらないが（最後は同じ方程式を解くことになる），これに人間の主観が加わる場合はまったく異なることになる．ある概念の発展形に複数の要因があり，サブクラスとしてその要因を取り上げるような場合である．要因の取り上げ方でサブクラスの概念は非常に異なることになり，最初に取り上げた概念の影響（コンテキスト依存）が支配的になるであろう．

それなら多重継承にして同時に取り上げればよいではないかという議論も生じるであろう．しかし，多重継承の場合には，メソッドコンビネーションの問題がある．スーパクラスに同名のメソッドがある場合に，どちらのメソッドを優先するかという問題である．これは非常に微妙な問題で，この解決が困難なため多重継承は嫌われたのであるが，オブジェクト指向の特徴であるポリモルフィズムを微妙に制御するためには有効である．

A.6.4 システムの運営維持管理の問題

このようなテクニックは，知的なデモには有効であるが，具体的にシステムを構築し，それを維持管理するためには最悪である．このようなシステムは，もはや作成者以外には理解不能であり，維持管理も作成者以外には不可能である．このような分類体系は特殊解として実現できても到底オントロジとは言えない．

以上は，オブジェクト指向プログラミング技法のクラス定義に関する説明であるが，これは，OWLにおけるクラス定義のようなオントロジの分類概念にも通じる問題である．人間の分類概念は一般に主観的である．それを避けるために，UML (Unified Modeling Language) のクラス図の適用なども進展しているが，それが一般的になるとも思えない．さらに，このようなクラス階層の体系が確立するのは限ら

た領域である．より広範な領域にクラス階層を適用しようとすると，どうしても矛盾が生じてくる．この矛盾は，クラス名を自然言語による意味的な概念で体系付ける限り本質的である．要するにゲーデルの不完全性定理の壁である．一方，対象を自然現象や具体的なモノに限定し，主観を排除できるならば，妥当な分類が可能になる．先の振動現象などはその範疇である．このような分類体系はオントロジと言ってよいであろう．

A.6.5　文書の分類

これと似たような問題として，文書ファイリングにおけるラベル付けの問題があげられる．問題領域ごとに分類して木構造を作っていくわけであるが，単純な木構造というわけにはいかない．関連領域が広がれば複数の木にまたがる項目が生じ，結局両者に関係する網構造とならざるを得ない．これをファイリングシステムではクロス参照（索引表）で処理している．

図書の十進分類法は，世界をどのように文書管理するかの一つの見本である．この場合は，資料で扱われる主題をまず大きく9個のクラスに分け，さらにそのいずれにも属さない主題，あるいはそのすべてに関係する主題を扱った資料のために，別にクラスを一つ設けている．クラス名は数字で表記される．合計10個のクラスは主類と呼ばれ，それぞれは000（総記），100（哲学），200（宗教），300（社会科学），400（言語），500（自然科学），600（技術），700（芸術），800（文学），900（地理・歴史）の分野を表している．

各主類は最大9個に階層的に細分されて，例えば100は110（形而上学）から190（近世西洋哲学）のように展開される．この細分はさらに行われ，110は111（存在論）から119（数と量），111は111.1（存在，本質，物質，偶有性）から111.85（美）のように次々と下位のクラスが作成されている．

存在論（オントロジ）が形而上学の一分野として定義され，111という番号が与えられ，さらに111.1（存在，本質，物質，偶有性）から111.85（美）までの番号が付与されているのは，ウェブオントロジの定義に関しての種々の経緯を考えると興味深いところである．この分野にOWL言語を入れるべきか否かは議論が分かれるところであろうが，おそらくその分野ではなくIT技術関係に分類されるであろう．これは分類がコンテキスト依存性をもつことの良い見本である．結局，現状の図書分類とはこの程度のものにすぎない．図書分類すらオントロジと言うには普遍性に欠けるのである．

A.7　確率・統計とシミュレーションを用いるモデルの可能性

　オントロジは存在基盤となる基本的な知識なので，厳密な計算処理により定義拡張が可能な方法に基づく必要がある．そうなると，記号論理と数学，それらをベースとするモデル程度に限られてしまう．しかし，人間の知識はむしろあいまいな部分にあり，その多くは個人の主観を包含するものである．このような知識はオントロジにはなじまない．

　あいまいな知識において唯一客観性をもてそうなのは，確率・統計分野の知識であろう．この領域で，データを自動収集して，確率的な信頼度を扱う領域にもっていければ，共有される客観的な知識として，オントロジ的な扱いが可能となる．このような手法としては，古典的な Bayes や，それをさらに柔軟に適用可能とした Demptser-Shafer モデルによる，Evidential Reasoning といった手法が確立されており，それを用いて推論するようなアプローチがかつてのエキスパートシステムで用いられていた [30]．この手法をオントロジと呼ぶのが適切か否かは議論があるところであるが，かつての診断型エキスパートシステムで具体的に用いられた経緯があるので，比較的普遍的に受け入れられている手法である．

　この分野のデータ収集の手段として，携帯電話は個人を特定して通信できるので効果的な活用が期待される [31]．また，数式や論理式を定義して解を求められなくても，確率・統計を用いた経験的な事実関係から大まかなモデルを構築し，コンピュータシミュレーションにより解を求めるようなアプローチは可能である．このようなシステムは，古典的な自動制御分野の最適制御系や非線形制御系，統計的制御系の概念に近い [32]．要するに，多次元入出力状態空間を用いるベクトル・マトリクス微分方程式を数学的に解く問題 [33] に近いのであるが，単に解を得るのではなく，シミュレーションを通じてマトリクス固有値を極大化するための最適パラメータを得るような問題として定式化される．

A.8　セマンティックウェブの可能性と課題

　前節の確率・統計的なアプローチは，セマンティックウェブのプルーフ層やトラスト層に関係する問題として位置付けられるのかもしれない．すなわち，あいまいな情報を確率を用いて関係付けて得られる確信度といったパラメータには，個人を特定する信頼度も含まれるので，プルーフ層の概念を拡張して適用することが可能だからである．さらにトラスト層は，そのような確信度に対してアプリケーションがどのように対処するかの方針（ポリシー）を構築するレイヤーと考えることが可能であろう．

ここでは，プルーフ層の確信度に対応したリスク管理の計算が要件となるであろう．以上のように考えると，確率計算モデルがセマンティックウェブを実用化する一つのアプローチとして見えてくる．それの妥当性は，今後の課題である．

A.9 現状のオントロジ

以上，図 A-3 で示したデータ型の考え方に基づいて，論理によるオントロジ，数理によるオントロジ，自然言語によるオントロジ，クラス階層によるオントロジについてざっと説明した．読者の中には，GUI，図形，画像，音声，映像のようなカテゴリで独自にオントロジを形成できないか疑問に思う人もいるかもしれない．このあたりは，議論が分かれる問題かもしれないが，個人的には以下のように考える．人間がある程度抽象的な概念を扱う場合，それは言葉に対応付けられるため，自然言語の範疇に入る．

例えば，図形を系統付けることを考え，三角形，四角形，五角形…を，多角形という概念で抽象化することができる．しかし，一般的な多角形を図形で表現することはできない．多角形という自然言語による言葉で表現されるのである．したがって，GUI，図形，画像，映像，音声といったカテゴリに関しては，独立した関係としてのオントロジは定義できないのである．

実は，クラス階層も自然言語で表現される．したがって，A.5.4 項で述べた自然言語としての関係は，クラス階層を除外したものである．図 A-4 に，上記の関係を示す．

現状の OWL は，クラス階層と記述論理の関係をサポートするので，クラス階層，論理，自然言語のカテゴリをカバーしている．しかし，数理関係はサポートしていない．XML ではタグを用いて属性や値の記述はできる．RDF では三つ組の関係を用い

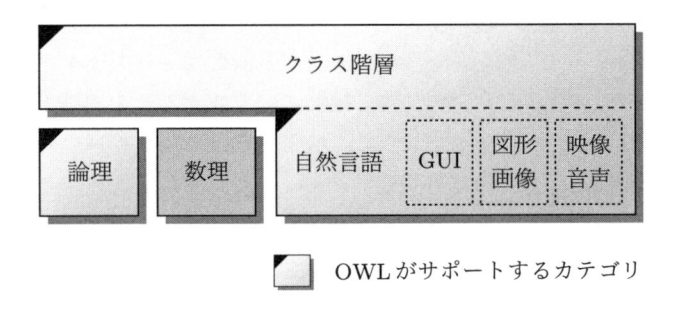

図 A-4 データ型を関係要素とするオントロジの枠組み

て命題を定義することはできる．しかし，プログラミング言語ではないので代数計算や微分方程式を解くような使い方には向いていない．

とは言え，MathML といった数式記述の XML 用語は存在するので，OWL がこのあたりの用語をうまく取り込めば，数理関係の記述が可能になるかもしれない．その可能性は複合ドキュメントの世界で散見されつつある．

A.10　複合ドキュメント

最近 W3C において今後のウェブに関する新しい動きが顕在化している．ウェブをマルチメディアコンテンツの基本画面とすることを指向する，複合ドキュメントフォーマットワーキンググループの活動である．

複合ドキュメントと言うと，一昔前に OMG が CORBA ファシリティ層で定義した仕様を思い出される読者もいるであろう．OMG の複合ドキュメントは，Apple の OpenDOC をベースとするもので，CORBA オブジェクトをコンポーネントとする，図形，画像，映像，音声などを含む電子化文書をモデルとしていた．W3C の複合文書は，OMG における CORBA オブジェクトを XML 用語に置き換えたものである．すなわち，電子化文書の基本的な枠組みを XHTML とし，コンポーネントとして，SVG，SMIL，XForms，MathML などを想定した規格作りを進めている．

このワーキンググループは，2004 年 10 月に発足し，2005 年 3〜4 月にユースケースのワーキングドラフトを作成している [34]．ワーキングドラフトによると，W3C の複合文書は，リッチマルチメディアをコンテンツとしてだけではなく，ユーザインタフェースの向上に適用することを指向している．まさに図 A-1 で示したウェブインテリジェンスアーキテクチャにおける第 2 層そのものである．

さらに，このワーキンググループの特色は，このリッチマルチメディアによるユーザインタフェースを，コンピュータデスクトップなどの既存のコンピュータシステムにではなく，まずは携帯電話のようなモバイル環境に適用している点である．その結果，常駐アプリケーションというカテゴリを想定し，アドレス管理やカレンダー機能，e メールや電話の受発信管理，地図情報システムとの連携といったシナリオを用意している．A.7 節で述べたように，携帯電話は，個人の通信履歴を含む種々の生活履歴情報を活用するためには最適のデバイスであり，この機能を確率・統計とシミュレーションを用いるモデルと組み合わせて推論することも可能である．

W3C の複合ドキュメントは，任意の XML 文書をコンポーネントとして管理できるので，確率・統計とシミュレーションを用いるモデルはもちろん，OWL で構築されたオントロジをコンポーネントとして実装することも可能である．ウェブインテ

リジェンスアーキテクチャでは，第3層を知識レベルの情報処理・管理として位置付けているが，その実装は第2層に相当する複合ドキュメントを通じて行うのが妥当であろう．

　ウェブインテリジェンスにおける，アプリケーションは，ウェブインテリジェンスアーキテクチャの第4層に位置付けられているが，これは複合ドキュメントのアプリケーションと考えるのが妥当である．複合ドキュメントは，基本的にユーザインタフェースであり，オントロジを包含する知識管理も，アプリケーションも，複合化への包含（compound document by inclusion）または参照（compound document by reference）となる XML 文書として位置付けられる．セマンティックウェブは，以上のとおりマルチメディアウェブである複合文書をインタフェースとして実装されると考えるのが自然である．この場合のアーキテクチャを図 A-5 に示す [35]．

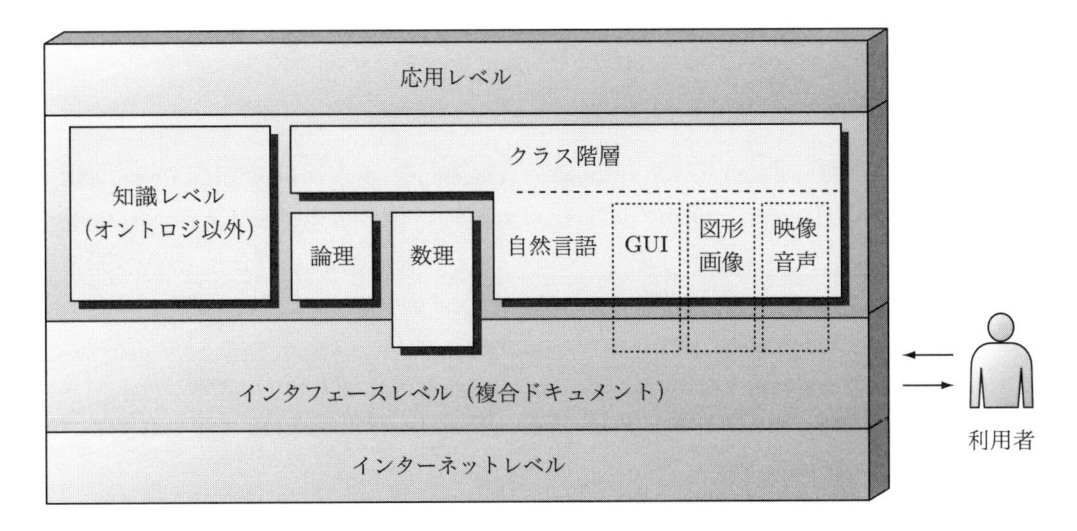

図 A-5　ウェブインテリジェンスの4階層モデルへの複合ドキュメント，オントロジの実装

A.11　おわりに

この付章では，OWL を中心とする現状のオントロジ技術と，それが実装されるウェブであるセマンティックウェブに関して，一つの考え方を示した．基本的には，2003 年 9 月に情報処理学会デジタルドキュメント研究会で報告した「オントロジ技術の応用に関する一考察」[36] を基本に，その後の動向などを追加した．特に，今後のセマンティックウェブを実現する考え方としては，Ning Zhong らによるウェブインテリジェンスの思想と，昨年発足した複合ドキュメントフォーマットワーキンググループによる実装が，比較的理解しやすいシナリオであると考える．ここで述べた論理によるオントロジ，数理によるオントロジ，自然言語によるオントロジ，クラス階層によるオントロジは，ウェブインテリジェンスにおける第 3 層として位置付けられるが，個別の XML ボキャブラリとして，複合ドキュメントの包含または参照コンポーネントとして実装されるのが妥当であろう．

参考文献

[1] A. Grigoris and F. van Harmelen: *A Semantic Web Primer*, MIT Press, 2004.

[2] T. B. Passin: *Explorer's Guide to the Semantic Web*, Manning Publications Co., 2004.

[3] V. Geroimenko, C. Chen (Eds): *Visualizing the Semantic Web; XML-based Internet and Information Visualization*, Springer, 2003.

[4] S. Nirenburg, V. Raskin: *Ontological Semantics*, MIT Press, 2004.

[5] C. Fox: *The Ontology of Language: Properties, Individuals and Discourse*, CSLI Publication, 2000.

[6] Alexander Maedche: *Ontology Learning for the Semantic Web*, Kluwer Academic Publishers, 2002.

[7] N. Zhong, J. Liu, Y. Yao (Eds.): *Web Intelligence*, Springer, 2003.

[8] L. N. Oaklander: *The Ontology of Time*, Prometheus Books, 2004.

[9] Ian Hacking: *Historical Ontology*, Harvard University Press, 2002.

[10] 思想の科学研究会編『増補改訂哲学・論理用語辞典』三一書房, 1975.

[11] バートランド・ラッセル（市井訳）『西洋哲学史 1』みすず書房, 1970.

[12] D. A. ノーマン（富田訳）『認知心理学入門――学習と記憶』誠信書房, 1984.

[13] 杉本『意味論 2 ―― 認知意味論』くろしお出版, 1998.

[14] 杉本『意味論 1 ——形式意味論』くろしお出版, 1998.

[15] 淵・溝口・古川・安西『定性推論』共立出版, 1989.

[16] 大野「FIPA エージェントにおける XML の適用動向」, 情報処理学会デジタルドキュメント研究会研究報告, DD23-3, 2000.5.

[17] T. Berners-Lee, et al.: *The Semantic Web*, SCIENTIFIC AMERICAN, 2001.

[18] A. N. ホワイトヘッド, B. ラッセル（岡本・戸田山・加地訳）『プリンキピアマテマティカ序論』哲学書房, 1988.

[19] ヴィトゲンシュタイン（ラッセル・ヴィトゲンシュタイン・ホワイトヘッド編）『中央公論世界の名著 58 ——論理哲学論』中央公論, 1971.

[20] 大野・吉田「情報メディアを構成する型概念に関する考察」, 情報処理学会デジタルドキュメント研究会研究報告, DD30-2, 2001.9.

[21] 中尾佐助『分類の発想——思考のルールをつくる』朝日新聞社, 朝日選書 409, 1990.

[22] 大野「セマンティック Web とデータ型」, 画像電子学会研究会研究報告, 2002.1.25.

[23] B. Russel: *The Principles of Mathematics*, 2nd Ed., Rpotledge, 1937.

[24] R. カルナップ（沢田ほか訳）『物理学の哲学的基礎』岩波書店, 1968.

[25] R. カルナップ（永井ほか訳）『意味と必然性——意味論と様相論理学の研究』紀伊国屋書店, 1974.

[26] 丹羽敏雄『数学は世界を解明できるか——カオスと予定調和』中公新書 1475, 1999.

[27] レイ・モンク（岡田訳）『ヴィトゲンシュタイン 2』みすず書房, 1994.

[28] 廣瀬・横田『ゲーデルの世界』海鳴社, 1854.

[29] 大野邦夫「オブジェクト指向による非線形振動のモデル化」,『電子情報通信学会論文誌』, D-II, Vol.J77-D-II, No.9, pp.1851-1858, 1994-9.

[30] H. Shrobe et al.: *Exploring Artificial Intelligence*, Morgan Kaufmann Publishers, Inc., pp.350-353, 1988.

[31] 大野「セマンティック Web の課題と携帯電話から見た可能性」, 情報処理学会デジタルドキュメント研究会研究報告, DD33-1, 2002.5.

[32] J. E. Gibson（堀井訳）『非線形自動制御』コロナ社, 1969.

[33] J. T. Tou（中村ほか訳）『現代制御理論』コロナ社, 1966.

[34] W3C CDF-WG: "Compound Document by Reference Use Cases and Requirements Version 1.0", http://www.w3.org/TR/2005/WD-CDRReqs-20050404/.

[35] 大野邦夫「複合ドキュメント技術への一考察」, 情報処理学会デジタルドキュメント研究会研究報告, DD51-7, 2005.

[36] 大野「オントロジ技術の応用に関する一考察」，情報処理学会デジタルドキュメント研究会研究報告，DD41-1, 2003.9.

CD-ROMについて

本書に付属するCD-ROMは，次のディレクトリとファイルを含む．

1. W3C勧告の翻訳

ディレクトリ/ファイル	ファイルの内容
owl-spec/overv.htm	OWLウェブオントロジ言語 − 概要 (OWL Web Ontology Language — Overview)
owl-spec/guide.htm	OWLウェブオントロジ言語 − 手引 (OWL Web Ontology Language — Guide)
owl-spec/refer.htm	OWLウェブオントロジ言語 − 機能一覧 (OWL Web Ontology Language — Reference)
owl-spec/seman.htm	OWLウェブオントロジ言語 − 意味論及び抽象構文 (OWL Web Ontology Language — Semantics and Abstract Syntax)

2. 翻訳に用いた訳語

ディレクトリ/ファイル	ファイルの内容
owl-term/terms.htm	OWLの翻訳に用いた訳語

3. OWLの記述例

ディレクトリ/ファイル	ファイルの内容
owl-exmp/protege-sample.htm	第4章に示すProtégéの画面遷移
owl-exmp/protege-sample.swf	protege-sample.htmから参照されるファイル
owl-exmp/cocktail-ontology.owl	第4章の記述例で作成されるカクテルオントロジ

4. その他

ファイル	ファイルの内容
readme.txt	このテキスト

CD-ROM 使用上の注意

(1) 本書に付属する CD-ROM に収録されている文書，プログラムデータなどは，すべて使用者の責任においてご使用ください．使用したことにより生じた，いかなる直接的，間接的損害に対しても，編著者，当出版局は一切の責任を負いません．

(2) 本書に付属する CD-ROM に収録されている内容の著作権その他の権利は，その内容の制作者に帰属します．

(3) 本書に付属する CD-ROM に収録されている内容の無断複製・転載・再配布などはしないでください．

(4) 本書および付属 CD-ROM にて使用されているブランド名および製品名は個々の所有者の登録商標もしくは商標です．

参考URL

エージェント関係

- CoABS —— http://coabs.globalinfotek.com/
- Comtec エージェントプラットフォーム —— http://www.comtec.co.jp/ap/
- Cyc —— http://www.cyc.com/
- FIPA: "FIPA Ontology Service Specification" —— http://www.fipa.org/specs/fipa00086/
- FIPA（インテリジェントエージェント研究会訳）「FIPA 仕様第 12 部 オントロジサービス」—— http://www.comtec.co.jp/fipatrans/
- FIPA-OS —— http://www.emorphia.com/research/about.htm
- J. Mayfield, T. Finin, R. Narayanaswamy and C. Shar: "The Cycic Friends Network: getting Cyc agents to reason together" —— http://www.cs.umbc.edu/%7Efinin/papers/cfn95.pdf
- M. R. Genesereth et al.: "Knowledge Interchange Format draft proposed American National Standard (dpANS) NCITS. T2/98-004" —— http://logic.stanford.edu/kif/dpans.html
- Ontolingua Server —— http://www-ksl-svc.stanford.edu:5915/
- OpenCyc —— http://www.opencyc.org/
- V. K. Chaudhri, A. Farquhar, R. Fikes, P. D. karp and J. P. Rice: "Open Knowledge Base Connectivity 2.0.3–Proposed–", Technical Report KSL-98-06, Knowledge Systems Laboratory, Stanford University —— http://www.ai.sri.com/~okbc/spec.html
- Y. Labrou and T. Finin: "A Proposal for a new KQML Specification", TR CS-97-03, February 1997, Computer Science and Electrical Engineering Department, University of Maryland Baltimore County, Baltimore, MD 21250 —— http://www.cs.umbc.edu/%7Ejklabrou/publications/tr9703.ps

W3C/OWL 関連

- OWL Guide（手引）—— http://www.w3.org/TR/owl-guide/
- OWL Overview（概要）—— http://www.w3.org/TR/owl-features/
- OWL Reference（機能一覧）—— http://www.w3.org/TR/owl-ref/
- OWL Semantics and Abstract Syntax（意味論及び抽象構文）—— http://www.w3.org/TR/owl-semantics/
- OWL Use Cases and Requirements（利用事例及び要件）—— http://www.w3.org/TR/webont-req/
- OWL Web Ontology Language Test Cases（ウェブオントロジ言語試験事例）—— http://www.w3.org/TR/owl-test/
- RDF —— http://www.w3.org/RDF/
- RDF スキーマ—— http://www.w3.org/TR/rdf-schema/
- W3C（World Wide Web Consortium）—— http://www.w3.org/
- XML スキーマ—— http://www.w3.org/XML/Schema

Protégé 関連

- OWL プラグイン —— http://protege.stanford.edu/plugins/owl/index.html
- OWLViz プラグイン —— http://www.co-ode.org/downloads/owlviz/
- RacerPro —— http://www.racer-systems.com/
- オントロジエディタ Protégé —— http://protege.stanford.edu/
- 描画ツール Graphviz —— http://www.graphviz.org/

応用関連

- "The International Committee for Documentation of the International Council of Museums (ICOM-CIDOC)" —— http://www.cidoc.icom.org/
- W3C CDF-WG: "Compound Document by Reference Use Cases and Requirements Version 1.0" —— http://www.w3.org/TR/2005/WD-CDRReqs-20050404/
- 文化財情報システムフォーラム —— http://www.tnm.go.jp/bnca/

索引

■ 英数字

10進法 118

AV（Audio-Video）機器 94

Bayes 128

CIDOC 96
CORBA（Common Object Request Broker Architecture） 7, 130
Cyc 13
CycL 14

Demptser-Shafer 128

Evidential Reasoning 128
extension 3

FIPA（Foundation for Intelligent Physical Agents） 7
—— ACL 9
—— Ontology Service 規定 25

IEC（International Electrotechnical Commission） 90
intension 3

KIF（Knowledge Interchange Format） 16
KQML（Knowledge Query and Manipulation Language） 16

MathML 130

OKBC（Open Knowledge Base Connectivity） 21
OMG（Object Management Group） 7, 130
Ontolingua 18
—— Server 21
OpenCyc 13
OWL（Web Ontology Language） 2, 32
—— DL 34
—— Full 34
—— Lite 34

owl 予約語
AllDifferent 54
allValuesFrom 39, 86
backwardCompatibleWith 56
cardinality 42
Class 37
comment 57
complementOf 44, 85
DatatypeProperty 48
DeprecatedClass 56
DeprecatedProperty 56
differentFrom 54
disjointWith 47, 65
domain 49
equivalentClass 45, 80
equivalentProperty 50
FunctionalProperty 51
hasValue 40
imcompatibleWith 56
imports 55
intersectionOf 42, 80
InverseFunctionalProperty 51
inverseOf 50
isDefinedBy 57
label 57
maxCardinality 41
minCardinality 42
Nothing 37
ObjectProperty 48, 70
oneOf 38
onProperty 39
Ontology 55
priorVersion 56
range 50
Restriction 39, 74
sameAs 54
seeAlso 57
someValuesFrom 40, 74
subClassOf 44, 65
subPropertyOf 48, 70
SymmetricProperty 53

Thing　37, 61
TransitiveProperty　52
unionOf　43, 86
versionInfo　56

PACT report　90
Prolog　122
Protégé　58

RacerPro　76
RDF（Resource Description Framework）　2, 34
　　——／XML 構文　35
　　——スキーマ　2, 34

SL（Semantic Language）　10
Smalltalk-80　120

UML（Unified Modeling Language）　126
Unicode　2
URI　2

Xerox PARC　120
XML　34
　　——スキーマ　2, 34

■あ _____

浅い知識　116
アリストテレス　114
暗黙知　116

位相面解析　124
一意名仮説　33
一般名　4
イデア論　114
インスタンスの列挙　38

ヴィーン学団　123
ヴィトゲンシュタイン　119, 123
ウェブインテリジェンス　111, 121
ウェブオントロジ言語　32

エージェント　6
　　——通信言語　9, 116
エキスパートシステム　112, 128

横断検索　96
オブジェクト特性　48
オントロジ　1
　　（エージェント通信の文脈）　11
　　——エージェント　25
　　——エディタ　58
　　——層　2
　　——の取込み　55
　　——の版管理　56

　　——ヘッダ　55
　　——ライブラリ　93

■か _____

下位
　　——クラス公理　44
　　——特性公理　48
外延　3
開世界仮説　33
概念　4
確信度　129
確率
　　——・統計　130
　　——・統計的な関係　124
　　——的な信頼度　128
仮想世界　124
型　117
カルナップ　123
感覚変換　115
関数的特性公理　51
カントール　119

記述論理　35
逆関数的特性公理　51
逆特性公理　50
近代論理学　119

クラス　37
　　——階層　100
　　——階層によるオントロジ　125
　　——記述　38
　　——公理　44
　　——定義　2
　　——の外延　37
　　——の集合演算　42
　　——の積集合　42
　　——の等価性　46
　　——の同等性　46
　　——の内包　37
　　——の補集合　44
　　——の和集合　43
　　——への帰属関係　53
　　——名　38
クロス参照　127

計算機シミュレーション　123
形式
　　——意味論　116
　　——知　116
ゲーデル　125
　　——の不完全性定理　127
言語ゲーム　124
減衰係数　124

効果器　115
個体　53
　　——の自己同一性　54
　　——の特性値　53
異なる個体　54
固有名　4
コンテキスト依存　126, 127
コンテント言語　10

■ さ

最適制御　128
叫び声　117

ジェスチャ　117
自然言語　121
　　——のあいまいさ　125
　　——の意味概念　124
自動制御　128
述語論理　122
シュリック　123
象形文字　117
植物のタクソノミ　125

推移的特性公理　52
数理によるオントロジ　123
すべて互いに異なる個体　54

生物学におけるオントロジ　122
セマンティックウェブ　1
全称量化子　39

相対論　115, 122
存在
　　——量化子　40
　　——論　1, 113

■ た

対称的特性公理　53
代数学　119
多次元入出力状態空間　128
多重継承　125
ダフィングの方程式　126
単一継承　125
短期記憶　115

注記特性　57
チューリング，アラン　119
長期記憶　115

通信行為　6

定性推論　122
　　——分野　116

定量概念　116
データ型　117, 121
　　——特性　48
デカルト　114

同一個体　54
等価
　　——クラス公理　45
　　——特性公理　50
洞窟壁画　117
統計的制御　128
統制語　106
特性　48
　　——概念　116
　　——値域公理　50
　　——値に関する制約　39
　　——定義域公理　49
図書の十進分類法　127
トピックマップ　111
トラスト層　2, 128

■ な～は

ナイーブフィジックス　122
内包　3
名前空間　2

認識論　113
認知意味論　116

ノーマン，ドナルド　115

排他クラス公理　47
博物館情報　96
ハミルトニアン　122
パルメニデス　114

ヒエログリフ　117
非線形
　　——制御　128
　　——微分方程式　125
微分方程式の特異点　123
表意文字　117
表音文字　118

ファンデルポル方程式　126
深い知識　116
不完全性定理　125
複合ドキュメント　130
　　——フォーマットワーキンググループ　130
プラトン　114
プルーフ層　2, 128, 129
フレーゲ　119
フレーム　18, 113
プロダクションルール　116
分散オントロジ管理機構　105

文書ファイリング　127
分類
　　——概念　116
　　——概念語彙　106
　　——マッピング　98

ペアノ　119
閉世界仮説　33
閉包公理　86
ベクトル・マトリクス微分方程式　128
ヘラクレイトス　114

ホームネットワーク　95
ホッブス，トマス　114
ポリモルフィズム　126
ホワイトヘッド　119

■ ま〜ら

マッハ　123

ミンスキー　113

メソッドコンビネーション　125
メタデータ層　2
メンバ数　41

様相論理　124

ラグランジアン　122
ラッセル，バートランド　114, 119, 123
　　——のパラドックス　123

力学体系によるオントロジ　123
リミットサイクル　124
量子論　114, 122

ロジック層　2
論理分析哲学　123

<執筆者紹介>

小町祐史 (こまちゆうし)

略　歴　早稲田大学理工学部電気通信学科卒業（1970年）
同大学院博士課程修了（工博）（1976年）
以来，東京理科大学講師，東大生産技術研究所助手を経て，現在，パナソニックコミュニケーションズ株式会社に勤務．ISO/IEC JTC1/SC34 および IEC/TC100 のメンバとして，それぞれ文書記述言語，マルチメディア機器・システムの国際標準化作業に参加．

著　書　『基礎電子回路』（槇書店，1982），『電子出版技術入門』（オーム社，1993），『フォント情報交換ユーザーズガイド』（日本規格協会，1996），『高密度光ディスク論理フォーマット』（日本規格協会，2000）ほか

大野邦夫 (おおのくにお)

略　歴　東京工業大学工学部機械工学科卒業（1968年）
東京工業大学大学院修士課程機械工学専攻修了（1970年）
工学博士（1997年）
電電公社，NTT の研究所で通信端末，AI ワークステーションの開発などを担当．1995年 INS エンジニアリングに転籍し，SGML，XML 関連の開発と商品化を担当．2000年にドコモ・システムズと社名変更後は，モバイルビジネスへの XML 適用に従事．2004年11月に株式会社ジャストシステムに入社し現職に至る．

著　書　『オブジェクト指向のおはなし』（共著，日本規格協会，1995），『分散オブジェクトコンピューティング』（共著，共立出版，1999），『オブジェクト分析と設計』（共訳，トッパン，1995），『CORBA アーキテクチャ入門——分散オブジェクト構築成功の実践テクニック』（共訳，トッパン，1999）

須栗裕樹 (すぐりひろき)

略　歴　同志社大学文学部文化学科哲学及倫理学専攻卒業（1986年）
岩手県立大学大学院ソフトウェア情報学研究科博士（後期）課程修了，博士（ソフトウェア情報学）（2004年）
日本データゼネラル株式会社（1986年），Data General Corporation（1988年），株式会社コムテック（1992年）を経て，株式会社コミュニケーションテクノロジーズを共同設立（2000年）．現在同社常務取締役．FIPA でエージェント技術の標準化に携わる．

著　書　電気学会新ソフトウェア・アーキテクチャの産業応用調査専門委員会編『オブジェクト指向とエージェント——基礎と応用』（執筆分担，オーム社，2001），西田豊明編『エージェントと創るインタラクティブネットワーク』（執筆分担，培風館，2002）

山田篤 (やまだあつし)

略　歴　京都大学工学部情報工学科卒業（1986年）
京都大学大学院工学研究科博士課程情報工学専攻研究指導認定退学（1991年）
博士（工学）（1993年）
京都大学工学部助手（1991年），奈良先端科学技術大学院大学情報科学研究科助教授（1994年）を経て，財団法人京都高度技術研究所に勤務．言語処理の研究に従事．

セマンティック技術シリーズ
オントロジ技術入門　　ウェブオントロジとOWL

2005年 9月20日　第1版1刷発行	編著者　AIDOS
	発行所　学校法人　東京電機大学 　　　　東京電機大学出版局 　　　　代表者　加藤康太郎 　　　　〒101-8457 　　　　東京都千代田区神田錦町2-2 　　　　振替口座 00160-5- 71715 　　　　電話（03）5280-3433（営業） 　　　　　　（03）5280-3422（編集）
制作　　（株）グラベルロード 印刷・製本　新灯印刷（株） 装丁　　鎌田正志	ⓒ Komachi Yushi, Ohno Kunio, 　Suguri Hiroki, Yamada Atsushi 2005 Printed in Japan

* 無断で転載することを禁じます．
* 落丁・乱丁本はお取替えいたします．

ISBN4-501-54010-9　C3004